回到分歧的路口

「7天生活处方」系列——

爱的七处方

七天得到更多亲密、连接与快乐

［美］

约翰·戈特曼　朱莉·施瓦茨·戈特曼

著

何静蕾

译

THE LOVE PRESCRIPTION
SEVEN DAYS TO MORE INTIMACY, CONNECTION, AND JOY

中信出版集团 | 北京

图书在版编目（CIP）数据

爱的七处方：七天得到更多亲密、连接与快乐 /（美）约翰·戈特曼，（美）朱莉·施瓦茨·戈特曼著；何静蕾译. -- 北京：中信出版社，2023.10
（7天生活处方）
书名原文：The love prescription : seven days to more intimacy, connection, and joy
ISBN 978-7-5217-5584-8

Ⅰ.①爱… Ⅱ.①约…②朱…③何… Ⅲ.①情感－心理学 Ⅳ.① B842.6

中国国家版本馆 CIP 数据核字 (2023) 第 061545 号

The Love Prescription: Seven Days To More Intimacy, Connection, and Joy by John Gottman, PHD, and Julie Schwartz Gottman, PHD
Copyright © 2022 by John Gottman, PHD, and Julie Schwartz Gottman, PHD
This edition arranged with The Marsh Agency Ltd. & Idea Architects through BIG APPLE AGENCY, LABUAN, MALAYSIA.

Simplified Chinese translation copyright © 2023 by CITIC Press Corporation
ALL RIGHTS RESERVED
本书仅限中国大陆地区发行销售

爱的七处方：七天得到更多亲密、连接与快乐
著者：　[美]约翰·戈特曼　[美]朱莉·施瓦茨·戈特曼
译者：　何静蕾
出版发行：中信出版集团股份有限公司
（北京市朝阳区东三环北路 27 号嘉铭中心　邮编　100020）
承印者：　嘉业印刷（天津）有限公司

开本：880mm×1230mm 1/32　印张：7　字数：90 千字
版次：2023 年 10 月第 1 版　印次：2023 年 10 月第 1 次印刷
京权图字：01-2023-3162　书号：ISBN 978-7-5217-5584-8
定价：42.80 元

版权所有·侵权必究
如有印刷、装订问题，本公司负责调换。
服务热线：400-600-8099
投稿邮箱：author@citicpub.com

七天得到更多亲密、连接与快乐

谨以本书献给我们亲爱的朋友与同事阿兰和安塔娜·库诺夫斯基,
他们与我们共同建立和建设了戈特曼研究所。
这是一段美好的旅程。

引言：积跬步以至千里 ——————————————— i

使用指南 ———————————————————— xiii

第 1 天 —— 001
头号万能药

不为解决问题，
也不为生活琐事——
仅仅是诉说与倾听。

○ **今日练习**：10 分钟沟通法

第 2 天 —— 023
很高兴重新认识你

人是不断变化的，
当你自以为伴侣的想法
与从前毫无二致时，
最后必定会大惊失色。

○ **今日练习**：询问"交心"问题

第 5 天 —— 097
说出你想要的，
让事情简单一些！

我们总会转弯抹角地暗示，
希望和另一半心有灵犀，
希望不必暴露内心就能如愿以偿。

○ **今日练习**：提出你的需求

第 6 天 —— 121
是"爱人"
不是"室友"

当伴侣只是紧紧握住你的手，
你就会觉得两人心意相通。

○ **今日练习**：小动作的魔力

Contents

目 录

第 3 天 —— 049
谢谢你为我煮咖啡

认真思考一下有哪些事
被你视为理所当然,
还有哪些事
被你视而不见。

○ **今日练习**:学会说"谢谢"

第 4 天 —— 073
回想你们为何相爱

积极欣赏你的另一半吧——
这份欣赏会变成救生筏中的空气,
哪怕风高浪急,
也能帮你浮在水面之上。

○ **今日练习**:衷心赞美你的伴侣

第 7 天 —— 149
不顾一切地约会吧!

取消几个计划,
把脏碗留在洗碗池里,
以后再回工作邮件。
你的另一半更重要!

○ **今日练习**:定下约会之夜——
不许推脱!

结语:更新你的爱情处方	169
记录你们的温馨小事	185
致谢	189
注释	191

引言 —————————————————————— Introduction

积跬步以至千里

爱。

这是个宽泛的字眼——难以定义，难以捉摸。千百年来，诗人们致力于将它诉诸文字。它像一朵红红的玫瑰，又像永不磨灭的印记，直面风暴毫不动摇。它璀璨夺目，不可逼视，它意味着你永远不必说抱歉。它如此宏大，如此不可或缺，如此神秘，又因人而异——这样的事物有没有一个公式？有没有一份专用于爱情的"处方"？

有。

对于"爱情处方"，你必须明白最重要的一点：它的剂量很小。每天使用一丁点儿，就能帮你建立健康的关系。为什么？因为情感关系就是如此——并非什么

i

庞然大物，而是由无数微小之物聚集而成，每天如此，直至汇聚成一生的厮守。

要知道，从约翰最初在印第安纳大学开始研究婚内互动至今，50年来我们一直将爱情放在显微镜下仔细观察，如今在戈特曼研究所，我们依然保持着与多对伴侣的密切合作。1990年在西雅图成立情感实验室时，我们想知道的是：怎样才能令爱情长久？为何有的伴侣能白头偕老，有的却劳燕分飞？能不能将这一切用数据量化——用科学工具和数学模型来预测一对伴侣幸福终老的可能性？

自那时起，我们将各种各样的伴侣请进了情感实验室——已婚或未婚，同性恋或异性恋，已育或未育，新婚夫妇或已婚多年的老夫老妻，挖掘有益于情感关系的种种要素。我们观察了他们相处的方方面面：肢体语言、交谈方式、争吵方式、成长经历与情感经历。我们还观察了他们的心率起伏，测量他们体内应激激素的分泌。我们录下他们相处的每个瞬间反复观看，精确至0.01秒。我们搜集了能搜集到的所有资料，可谓不遗余力。我们掀开爱情之钟的外壳，将所有小零件全部取出，以确定到底是什么驱使它嘀嘀嗒嗒地走动。就像强子对撞机砸开原子一般，我们也尝试将爱情拆解开来，从内到外看个清楚。

那么，将爱情放入实验室后，我们得到了什么成果？

这么说吧，成果颇丰。这是我们毕生的工作。这本小书向你呈现了其中的一小部分。但我们认为，从各方面来看，这一小部分正是精华所在。这份短小精悍的7天行动计划，会带你了解我们最根本的发现——经营长久不衰爱情的最基本步骤。简言之：爱情是一种实践。它不只是情感，更是行动。它是你所作所为的结果，而不是随机发生的偶然事件。你需要每天给予并接受一剂情感良药，才能维持健康向上的关系。

出人意料的是，这并不意味着你要做出什么大动作。不需要情人节的花束，不需要一场说走就走的巴黎之旅，也不需要站在心上人的卧室窗外唱情歌。真正需要你常做的，只是一些小事。听过"细节决定成败"这句话吧？在情感关系中，爱是蕴含在细节里的，做起来简单，却常常被人忽视。我们都知道不要"小题大做"，这是个很好的人生建议，但涉及爱情时，这句话可就大错特错了。爱情需要你"小题大做"。是时候关注细节了。

改变河道的一块石头

马克和安妮特决定分手。这是个艰难的决定——他们已经结婚 10 多年,还有个 8 岁的女儿。然而他们之间存在着某些问题,而且已经存在了很长时间。两人彼此间的吸引力、兴趣和感情都在缓缓衰减。婚姻生活变得枯燥无味、令人厌倦。他们不再像从前那样期待每天下班后见面。不知为何,他们如今的互动要么充斥着火药味,要么充斥着冷言冷语,温情全无。哪怕在关系最和缓的时候,他们也只觉得对方像是工作伙伴或室友,而不是爱人或朋友。马克做出孤注一掷的努力,提出去见婚姻治疗师。他们从未找过婚姻治疗师,但安妮特心想,试试又何妨?死马当活马医吧。

治疗师倾听了他们的经历,询问他们认为是哪里出了问题,为什么想要分开。经过几周疗程后,理由浮出水面:难以相处,没有性生活,二人之间似乎只有争吵。

有一天,治疗师说:"我要给你们布置一个周末任务。"

治疗师告诉马克和安妮特,他希望他们做一些走出舒适区的事。按照马克和安妮特的自述,他们俩都是一丝不苟的类型——喜欢把屋子打理得一尘不染、井井有条。对他们来说，保持整洁是第一要务。他们的女儿时刻把玩具收拾得整整齐齐，家里一件乱放的东西都没有。所以治疗师交给他们这样一个任务：在自家后院里打一场泥巴战。

夫妻俩满脸困惑。打什么？

"泥巴战。"治疗师坚持道，"接条胶皮水管出来，搞个泥坑，一头跳进去。互相扔泥巴，痛痛快快打一仗吧！"

回家后，夫妻俩又是摇头又是叹气。太糟糕了，原来这个治疗师是个白痴。他们得重新找一个。一直在旁听的女儿提出了不同意见："我觉得这个主意很棒！"

夫妻俩只是摇头。幼稚！周末就这么过去了，他们感觉二人的关系像平时一样疏离又紧张。坐在明净整洁的厨房里，他们边喝咖啡边讨论：是放弃治疗呢？还是去找个新的治疗师？他们的女儿又一次跳了进来。"我们打泥巴仗吧！"她喊道，"来吧，打嘛！就试一次嘛！"

她紧追不放。如果你有孩子，或者认识孩子，就能明白他们的执念有多深，嗓门又有多大。马克和安妮特举手投降。"好啦，好啦，"他们说，"你赢了。"他们穿上了旧衣服。马克翻出一件短袖衬衫，这是多年前他们还在约会时在一场音乐会上买的，只不过现在他的头发已经花白，衬衫套在腰腹部也有些紧绷；安妮特则穿上一件污渍斑斑的上衣，这件衣服早就过时了。两人在后院晃来晃去，看着胶皮管把冷水注入一堆烂泥里，觉得非常荒唐。但女儿正望着他们，眼中充满期待与兴奋，他们还能怎样呢？马克弯下腰，捞起一把冰冷的烂泥，又犹豫了。安妮特趁机冲他砸了一把泥巴，把他打了个满脸花。马克被激起斗志，将手里的泥向她扔去；她尖叫一声去补充"弹药"。他们的女儿也大把大把地捞泥巴，"战争"迅速进入白热化状态。他们很快便狂笑着将泥巴扔得满天飞，在泥巴上滑倒，在泥巴里打滚。最后他们拥抱在一起，又是大笑又是亲吻。他们从未感觉如此亲近。或者……如此邋遢。

那场泥巴仗完全改变了他们的关系。只是短短的片刻时间，却带来了巨大影响。从那时起，马克和安妮特决定为家庭腾出更多时间用于玩耍和冒险。他们的经历提醒我们，一块落入河道正中的小石头会怎样改变整条河的流向。河水绕过石头，漫过河岸，冲刷沙砾、黏土和岩石，最终冲刷出一条新的河道。地质学家早就发现，假以时日，河流甚至能用这种方式切割出新的谷地——这一切全都因为一个微不足道的改变。

走进情感实验室

在情感实验室参与我们的一项研究时,马克和安妮特分享了这个故事。通过观察,我们发现他们明显已经重新建立了牢固而饱含爱意的婚姻关系。经过多年不懈研究,我们观察一对伴侣15分钟时间,便能预测他们能否长期相处以及能否愉快相处,准确率高达90%以上[1]。我们看得出,如今马克和安妮特愿意将这段婚姻进行到底。

建立戈特曼研究所前,约翰本是一位数学家,沉迷于研究用数据预测世界大事。但在麻省理工学院读研究生时,他发现自己对室友的心理学书籍产生了兴趣,甚至超过了数学书。他转变了研究方向。在研究情感关系数十年后,约翰昔日对数学的热爱又复苏了。他开始思考爱情的数学机制。毕竟,生物数学家能给万事万物建立模型,从传染病大流行到肿瘤的形成,再到老虎为什么有条纹,豹子为什么有斑点。为什么爱情就不行呢?

约翰在情感实验室的第一个发现就是,人们对爱情长久之道常有误解。对多年来积累的理论与实验结果进行梳理后，他发觉自己早期关于影响婚姻成败因素的看法中，有 60% 是完全错误的。像大多数人一样，他的许多错误观念来自文化刻板印象——喜爱的小说、电视剧和电影，以及原生家庭与人生经历。它们都有误导我们的可能，而我们也的确时常因此误入歧途。这就是我们迫切需要数据分析的原因。促进情感成功的因素孰真孰假，数据分析能够准确地显示出来。幸运的是，虽然早期的预测结果很糟糕，约翰却没有知难而退。他与挚友罗伯特·利文森博士还有妻子朱莉·施瓦茨·戈特曼博士一起，投身搜集并分析数据、追寻真相的职业生涯。结果如何呢？他发现的确有一门爱情的科学。最重要的是，如今我们清楚地知道如何改善一段关系。爱情之谜终于被我们揭开了一角面纱。

在情感实验室，我们研究了 3000 多对伴侣，并对其中一些伴侣进行了长达 20 年的跟踪调查。此外，我们还研究了 40000 对即将进行婚姻咨询的伴侣，观看了无数录像带，采集了数百万个数据点。我们发现，有一些共同的因素决定了一段关系的成败，也由此能预测一对伴侣幸福终老的可能性。

第一，伴侣要保持对彼此的好奇心。随着时间的流逝，每个人都会有所成长和改变。成功的伴侣清楚这一事实，并且会耐心地绘制、拓展他们的"爱情地图"，即他们对彼此内心世界的了解。这意味着不仅要向对方提问，而且要问正确的问题。

第二，伴侣要互相表达热爱与欣赏之情。这意味着你能在伴侣的众多特质之中一眼看出并欣赏他*的优点，发现并关注那些令你欣赏的地方，并通过话语或身体接触明确地表达出来。很多人认为，另一半对他们的爱与欣赏心知肚明，但就我们的观察结果看，大部分人其实对此一无所知。经常吐露爱语的必要性比人们以为的要高很多，爱语犹如不可或缺的氧气，而不是每隔几天给盆栽浇的那勺水。

第三，伴侣要乐于彼此回应，而不是互相逃避。这意味着他们擅长提出我们所说的"沟通邀请"。这些邀请有小有大，从呼唤对方的名字到提出更深层次的要求。成功的伴侣非常敏锐，能及时发现对方的邀请，并在必要时放下手头事务予以满足。

正是这些因素区分了"爱情大师"与"爱情毁灭

---

* 本书在描述两性关系时，为简便起见，将"他/她"简化为"他"。——编者注

者"。更重要的是,"大师"们明白一个道理,即你做（或者没做）的日常小事能决定一段关系的存续,因为正是日常小事制造了伴侣间的亲密氛围。彻底改变一段感情并不需要大动干戈。它需要一两个恰到好处的问题；它需要一句谢谢,或者一句真心诚意的夸奖；它需要一个持续6秒钟的亲吻；它需要……一团泥巴。

你可能会发现,以上的清单中明显少了一样东西。确切地说,是矛盾。

当然,矛盾是亲密关系中难以回避的一部分。但当这段关系已然岌岌可危,或者仅仅稍有缓和时,严重的矛盾绝对不适合作为改善感情的出发点。这并不是说应该忽略你们之间的问题,只是不适合从它起步。从研究中我们发现,感情最美满的伴侣们不会一味指出对方的错误,而是时常告诉对方"你做得对"。因此,不管你是正在努力爬出低谷,还是想要防微杜渐,我们不会让你坐在桌子旁练习冲突管理技能,或者就你们的严重问题开一场研讨会。我们会让你们先到后院去搞个泥坑,开心地玩一会儿。

我们承诺,这会是一场轻松的旅程。在为期一周的课程中,你将大大改善自己经营情感关系的方式,而且每个步骤都是循序渐进、切实可行的。接下来的7天中，这句话将成为你的座右铭：积跬步以至千里。

这是一门情感关系基础课。高中或者大学里没有这门课程（虽然很有必要！），我们只得向父母或者影视作品学习，但他们不一定能教好这门课。我们花了多年时间才推导出美满关系的公式，在接下来的 7 天里，我们将呈上最好、最精华、最有效的建议。

任何人在任何时间都可以开始学习。朱莉曾在工作中一对一地接触过许多对象，他们的困境超过你的想象：患有创伤后应激障碍的老兵、海洛因成瘾者、癌症幸存者，以及一些极度贫困的人群。这份工作很艰苦，令人心碎，而她对之充满了热爱。这份工作揭示了人类灵魂不可思议的恢复能力——人们能走出黑暗，沐浴光明。在情感实验室，她在情感关系上也见到了同样的现象。某些感情可能连余火都不剩——只有灰烬。但当你轻轻一吹——呼！火焰又燃烧起来了。

How to use this book

使用指南

本书的每个章节都会帮你养成有利于培养情感关系的新习惯，每天一个，为时一周。

7天7个新习惯，简单、快捷、有趣。不需要夸张的姿态，不需要严肃艰难的谈话。你可以在任何时间、任何地点和你的爱人进行这些训练。哪怕在最忙碌的日子里，你也能选择任意时间来尝试，收拾碗盘时可以，开车时也可以。事先什么都不需要买、不需要做、不需要准备。你可以立刻开始。

但在开始之前，我们想解答几个你可能会提出的问题，并介绍本书的使用方法和使用效果。

是否为时过早？

如果你刚刚开始接触某个有好感的对象，你可能会琢磨，现在就开始"干预"是否太早？引入这些"爱情最佳方案"绝不会为时过早，反而是越早越好。许多伴侣在寻求帮助前已经耽误太久——平均 4~6 年。他们来找我们时，已经在歧途上走了太远，我们费尽力气才将他们领出困境。我们常想：如果能早点接触到你们该有多好！

有人认为，只有在感情出现问题时才需要帮助，这是一个误解。在人生的其他竞技场上，我们可不是这样做的。涉及身体健康、职业发展，甚至我们的车，我们都会未雨绸缪——我们均衡饮食，坚持锻炼；我们保养汽车，防止它们出现故障。为什么就不能用同样的方式对待情感关系呢？

早早准备是明智之举，有利于保持情感关系的健康，令其顺畅发展。如果这是一段全新的感情，你可能还不确定他是不是你将携手一生的对象，没关系！不需要百分之百确定，你只需要抱有寻找答案的决心。这本书的研究数据选自最美满的情感关系，这将帮你迈出正确的第一步，并沿着正确方向一路前行。

是否已无力回天？

如果你在婚姻或恋爱关系遭遇危机时看到了这本书，可能会想：扭转局面的那扇窗是否已经关闭？也许你觉得自己正面临的问题千头万绪、盘根错节。你可能会觉得找不到出路。

我们可以告诉你：在多年的研究与实践中，我们极少遇见已"无力回天"的伴侣。大多数伴侣在寻求帮助前，会熬过平均6年的艰难岁月[1]。不管你发现问题的时间是7天还是10年，我们都帮得上忙。只有你们两个人都已心灰意冷，才真正预示着这段关系的结束。既然你还拿着这本书，我们愿意相信你们并未放弃。

如前文所说，我们能够预测一对伴侣能否长期相处，以及能否相处愉快，准确率高达90%以上——但也不是板上钉钉。我们无法确切地预知未来，只是基于所观察到的模式尽力进行推测。当人们将不健康的模式转换为健康模式时，他们便改变了自己的未来。

你可能会认为，干预之初，相处得最不愉快的伴侣会获益最少——他们跟不上。事实并非如此。我们的研究（以及本领域其他学者的研究）表明，挣扎得最厉害的伴侣其实在这个过程中收获最多。每个人都能获益。如果你正面临情感危机，你其实可能会成为变化最大的人。

一句话：亡羊补牢，时犹未晚。

如果我的伴侣对此缺乏兴趣怎么办？

两人一起阅读本书是最好的，但现实往往不如理想丰满。如果两人中你阅读本书较多，那就和伴侣分享每章中最抓人眼球的趣闻吧！比如："喂，你知道经常搂搂抱抱的伴侣性生活最多吗？"这个问题肯定能引起对方的兴趣。

告诉他们：练习很简单，大部分练习几分钟内就能完成，而且趣味十足。告诉你的伴侣，这本书里写满了各种方法，可以帮助你们增加激情、加深感情并改善性生活——还能给这个家带来更多的光明与爱。哪怕已经如胶似漆，你们依然需要这些美妙之物。

真能在一周之内改变我们的情感关系吗？

经营情感实验室的过程中，我们和多对伴侣建立了成功的合作关系。我们量身定制了一系列干预方法供他们尝试。同时我们也在思考：有些伴侣抽不出一个完整的周末和我们面对面交流，他们该怎么办呢？我们能否同样给他们带来改变？

于是在《读者文摘》与作家琼·德克莱尔的帮助下，我们做了一个实验：将伴侣们带入实验室，照惯例给他们做了全套情感评估——极其详细的调查问卷，把他们情感关系的边边角角都翻了个遍。然后，我们让他们去吃午餐。

趁着他们去吃三明治的工夫，我们招来团队成员，阅读他们的答案，评估数据，并选出一个可以在一小时内完成的干预方法，比如训练他们在不指责对方的前提下正面表达需求。等他们回来后，我们便按照刚才的选择进行干预。然后，我们等待了……两年。

两年后，琼对所有伴侣做了后续调查，发现那个唯一的干预方法取得了令人难以置信的成功。总体来说，这些伴侣都改变了彼此间的相处方式，而且这样的改变维持了两年之久[2]。

没错，经过推测，我们准确地选取了最有效的那个方法。但结果依然令人震惊，伴侣互动中一个小小的改变，竟能对他们的感情与人生造成如此之大的影响。

本书所倡导的对相处习惯的小小改变，是否也能改善你的情感关系呢?

是的。

我们已经很相爱了,这还不够吗?

这个问题很容易回答——

不够。

只有爱是不够的。因为随着时间流逝,我们往往不再互相示爱;不再将浪漫、乐趣、冒险与和谐的性爱放在首位。生活成了情感的阻碍。加利福尼亚大学洛杉矶分校斯隆工薪家庭中心研究了30对双薪夫妇后发现,情感最终会被没完没了的事务清单取代,夫妻交谈的话题也局限于各种琐事与计划[3]。换句话说,我们即将在本书中呈现情感关系的诸多方面,而你要在这些方面有意识地进行练习。

无论你们是刚刚开始约会、正在猜测接下来的情感走向,还是已经度过了50年婚姻生活,这些练习都能对你们有所助益。本书适用于任何年龄、任何情感阶段。这就是我们提供的"新手套装",帮你顺利进行情感的启动、重启和方向修正。你只需要下定决心,放手尝试。

DAY 1   第1天

MAKE
CONTACT   头号万能药

℞

今日练习 | 10分钟沟通法

不为解决问题,
也不为生活琐事——
仅仅是诉说与倾听。

取下立牌折叠后,再延虚线折叠,然后粘于底座。

第1天 | 头号万能药

艾丽森和杰里米满脸倦容，出现在周末的伴侣行思会上。这不奇怪——从他们的登记表上，我们得知他们有几个年幼的孩子，居家办公的同时还要监督孩子们上网课，这样的情况已长达数月之久。他们筋疲力尽是很正常的。

这是新冠疫情暴发的第9个月，像其他会议一样，这场行思会也在网上进行。由于无法和参与者共处一室，我们必须格外仔细地观察他们的情感状态和肢体语言。但即使透过有些模糊、像素化的视频窗口，我们也依然能看出艾丽森和杰里米之间的疏离。为使我们能在屏幕上同时看见他俩，他们肩并肩坐着，但看起来就像身处两个不同的窗口，坐在两个相隔数里的房间。

艾丽森和杰里米解释了报名原因：他们觉得彼此一直不合拍。他们处理事务时似乎总有分歧——从怎样教育不爱吃蔬菜的孩子，到疫情防控期间该承担多少风险行事。是应该出去和朋友见面呢？还是干脆别聚了？孩子们要在附近骑自行车，该不该要求他们戴口罩？一切都会发展成争吵，还没等他们解决矛盾，各种生活琐事便会冒出来横插一杠——要么孩子闯了进来，要么有公事需要赶紧处理（现在一切都可以线上处理，工作似乎成了 24 小时的事儿），最终他们只得反复咀嚼着争吵的过程，心情更加烦乱。他们心里充满了对配偶的愤懑之情，这是之前从未有过的：他从不认真考虑我的想法，他只想证明我错了；她总是优先考虑自己的目的，她总要争个输赢。

"我们现在不如以前合拍了。"

艾丽森说："我是说，家里有了小孩，总有大量琐事要做，也难免忙中出错。但现在我们就是聊不到一块儿。"

我们请他们选取典型的一天进行描述。他们何时有机会进行沟通？不为解决问题，也不为生活琐事——仅仅是诉说与倾听。

他们冲我们茫然地眨了眨眼。

"根本没有时间。"杰里米回答。

他们早上一睁眼就忙个不停,一个人在卧室里打工作电话,另一个喂孩子吃饭、帮孩子准备上网课。他们常常连午饭都顾不上吃,就为挤出一点儿时间来工作。在一团混乱中吃完晚饭,一个人洗碗擦桌,另一个去哄孩子睡觉。

杰里米说:"我洗过碗上楼时,她已经睡着了。"

就算没经历过疫情,我们也对这样的场景非常熟悉。就算没有孩子在脚边跑来跑去,我们依然会觉得缺乏交流的时间。

许多人抱有一个重大的误解:交流要持续数小时之久才称得上有意义。因此在忙碌的日子里,我们是没时间交流的。这种想法对吗?

不对。

我们一直都有机会进行有意义的交流,却忽略了它们。我们不知道自己究竟该留意什么,也不知道这些转瞬即逝、毫不起眼的短暂片刻有多么重要。这些在片刻时间中能做的事,在情感科学中叫"沟通邀请"。

什么是沟通邀请呢?

它可能是随意出口的一句话;可能是一个简简单单的动作,比如挨着另一个人坐下;可能是一个不易察觉的细节，比如一声叹息。这都是沟通邀请，而我们对这些小小邀请的回应方式，竟能导致一段感情的萌发或破裂！这就是我们在情感实验室中最早也最根本的发现。

沟通邀请：顶级幸福预测器

我们在芒特湖畔的一所公寓里成立了第一间情感实验室，就在华盛顿大学樱花掩映的红墙边。虽说是实验室，却出人意料的舒适。我们不希望人们觉得自己走进了一间科学实验室。我们希望他们能像在家一样自在。

朱莉正是怀着这样的期望设计了实验室——墙上挂着画，房间里摆着舒适的家具和软绵绵的沙发，还有一个储备充足的厨房。这里还可以听音乐、看电视。透过落地窗，还能看见平滑的湖面在阳光下闪耀（这里并不像别人想象的那样多雨——别往外说，这是西雅图的小秘密！）。夜晚，市中心的高楼大厦灯火通明，将太空针塔的剪影衬托得格外醒目。要是事先不说，咨询者还会以为我们贴心地为他预订了一个爱彼迎房间，马上就要放下背包，前往市区体验夜生活了。

但来情感实验室可不是为了玩的。咨询者来到这儿，是为了让我们仔细观察。套间的墙上安装着三台摄像机——我们要观看整个房间,为了不留盲点,摄像机必须得装三台。

我们的第一次大型研究邀请了130对新婚夫妇来到情感实验室,一次观察一对。这些夫妇都处于真正的"蜜月期"——他们刚刚结婚几个月。我们没给他们提出任何指令,只是让他们在实验室度过一个周末,生活作息一如往常。他们看喜欢的电视剧、看报纸、做饭、打扫卫生、聊天、争吵。我们观看并记录了一切。我们拍摄下了哪怕最微小的行为模式。一切都被记录在案。

当时,我们尚未确定要寻找什么——我们并不知道哪些具体行为会产生重大影响,或者能预测未来的幸福与苦恼。我们只知道,为了找出答案,必须仔细观察并记录一切。

很快,一种模式开始浮出水面,它与一种行为密切相关,我们将这种行为称作"沟通邀请"。一方发出邀请,开始沟通(可能是话语也可能是动作,可能明确也可能含蓄)。这时,研究者会将摄像机镜头拉近,观看另一方的面部表情。总结来说,另一方对沟通邀请会有三种反应:

1. 他们给出了正面或积极的回应,表示已收到

对方的邀请，并会回应对方。甚至一句"嗯?"也能算作响应。← 响应

2. 他们毫无反应，要么是故意忽略对方，要么只是没注意到对方的沟通尝试。← 无视

3. 他们急躁愤怒，甚至会刻意打断对方的沟通尝试。← 拒绝

在实际情况中，这三种反应分别是什么样的呢?

我们来看这个例子——你的伴侣刷着手机说："哦，这篇文章真有趣。"

以下是你可能的回应：

1. 你抬起头说："是吗? 写的什么呀?"← 响应

2. 你盯着屏幕，继续写你的电子邮件。← 无视

3. 你说："安静点! 没看见我在工作吗?"← 拒绝

有时候，沟通邀请可能是消极的，也可能难以解读，因此对方无法领会这种试图沟通的信号。

让我们来看看另一个可能没那么明显的例子——你安静地坐在饭桌旁，长叹一声（沟通邀请）。

你的伴侣可能会有如下反应：

1. 你的伴侣说："嗨，亲爱的，出什么事了吗？你好像挺累的。"← **响应**
2. 你的伴侣正在看报纸，他翻到下一页，什么也没说。← **无视**
3. 你的伴侣说："又在搞什么？！"← **拒绝**

在实验室（及现实生活中），没有伴侣能百分之百响应对方。但响应频率是高是低还是会有很大的区别。

我们对那130对新婚夫妇进行了多年跟踪调查——从蜜月期到初次怀孕、孩子出生，再到更久之后。我们发现，一部分夫妻生活幸福，另一部分相看两厌，还有一部分则以离婚收场。6年后，我们重新查看当初的资料，试图分析哪些行为对婚姻的影响最为深刻，结果获得了重大发现。离婚收场的夫妇对伴侣沟通邀请的响应率只有33%，而仍维持婚姻的伴侣响应率则高达86%[1]。两组数据差异巨大——在科学研究中，统计数据间如此之深的鸿沟是非常罕见的。

我们发现了干预方法的一个关键点。如果能帮助伴侣理解这些微不足道、极易忽略的瞬间所蕴含的重要性，就能真正帮助他们扭转乾坤。人们对伴侣沟通邀请的反应，其实就是对婚姻幸福度和关系稳定性的顶级预测器。这些稍纵即逝的瞬间其实已预示了幸福或不幸、相守或分手的不同未来。

积极响应：情感头号万能药

我们举办了为期两天的伴侣讲习班，第一天的主题是"伴侣情谊与亲密关系"，第二天的主题是"矛盾"。当然，讲习班的目标是教会伴侣们同时处理这两个至关重要的问题。但我们不免会思考：哪一个对他们助益更多？为此，我们进行了一项实验研究，将参加培训的伴侣分为三组：

第一组：只参加第一天的讲习班；
第二组：只参加第二天的讲习班；
第三组：两天都参加。

一年以后，我们再次和参与者们取得联系。大家都过得怎样呢？

结果可能在意料之中：参加两天讲习班的小组在一

年后产生了最长远的改变。有趣的是，只参加第一天的小组也表现得相当出色！另一方面，只参加第二天讲习班的小组——只讨论矛盾的那一组，结果最不理想[2]。信息很明确：只关注矛盾的处理方法是错误的。

首先，必须努力提升伴侣间的情谊

这一点很难，因为如果你们确实面临矛盾，可能会更渴望"平息"它。但如果先将重点转回到矛盾上，情况可能会更加糟糕。

为什么？因为随着矛盾升级，身体会产生生理反应：在被冲昏头脑时，人们常会本能地采取最熟悉、最习惯的方式应对。举个例子，哪怕已经过了多年温馨充实的婚姻生活，约翰还是得克制住自己稍有动静就戒备十足的心理；而朱莉面对激烈争论时的第一反应是想冲出大门，逃到附近的森林里去。

要改变人在矛盾中的行为方式极其困难，但积极响应能改变双方在日常小事中的行为方式，这件事做起来要简单得多，也有助于缓和矛盾。

我们发现，情感关系中的积极响应越多，伴侣们处理矛盾的效果越好。甚至在矛盾越发激烈的时候，一对伴侣正确处理危机和修复关系的能力也取决于此前他们响应沟通邀请的频率。响应得越多，对彼此就会越宽容，哪怕在矛盾中也是如此。积极响应还能令你们的心情更轻快，平息争吵与主动和好的能力更强，也更可能接受对方弥补裂痕的举动并予以回应。美满伴侣之间的争吵并不比其他人少——他们只是处理得更好。能否积极响应是最为重要的评判标准，没有之一。

积极响应本质上是在伴侣们的"情感银行"中存入更多"资金"。你可以将每一次对伴侣沟通邀请的响应——哪怕是相视一笑这样简单又短暂的小事，看作投入爱情储蓄罐中的一枚硬币。

比起新婚之初——到现在已经34年啦！如今的我们有一件事做得越来越少：生闷气。

也许你明白我们的意思。交谈中话说得有点冲，伴侣伤害了你的感情，于是你转身离去，憋了一肚子火——从最近他让你受的委屈，到相识之初的不愉快，都令你怨气十足。

回首刚结婚的那几年，约翰还能想起当初自己在生闷气这件事上有多积极——就像造一把椅子一样，得先把生活里粗糙的材料砍掉，修整成合适的形状，再一屁股坐上去。和朱莉发生口角后，他觉得受了伤害，就躲起来生闷气。但在彼此积极回应的关系中,当你濒临爆发,想去生一生闷气,但你就是……做不到。

约翰曾经坐在那儿拼命想好好攒上一肚子能供他久久回味的怨气,脑海里却冒出一个"恼人"的声音:记得上周你生病了,她过来看你,还给你倒茶吗?记得那天早上你的笑话逗得她哈哈大笑吗?记得今天早些时候,她百忙中抽时间辛辛苦苦给你做饭吗?这些时光是多么美好。他再也生不起气来了。

当你积累的正面沟通的记忆越来越多,负面情绪便会被抵消。每一次交流都会在"情感银行"中存入"资金"。当你们陷入争执和矛盾时,情感银行里的大量资金便能派上用场。有了这些正面沟通积累下的情感存储,哪怕在容易产生误解和伤害的艰难时刻,你也能以更多的同理心甚至幽默感来对待你的伴侣。往情感账户里存钱的方法就是积极回应伴侣的沟通邀请。

"爱情大师"们非常清楚:走进门厅时印在脸颊上的一个吻就是一剂强效药;倾听伴侣讲述宝宝午餐吃红薯的趣事,其实要比眼前急需处理的工作邮件更加重要;早晨抽 5 分钟时间和伴侣喝杯咖啡聊几句,远比提早 5 分钟工作更有意义。

因此,这就是我们给艾丽森和杰里米开出的处方。

他们的生活被接连不断的任务塞得满满当当：除了工作和育儿……还是工作和育儿。疫情防控期间，他们被困在这个残酷的循环之中，几乎没有喘息的机会，也没有大段时间能用在彼此身上。

事实是，不管有无疫情，生活都可能会变成这样：忙忙碌碌、晕头转向、脚不沾地。但就像我们对艾丽森和杰里米说的：在本就时间匮乏的情况下，你们不必奇迹般地变出时间来。不管每天过得多么匆忙，你们总有机会来回应对方。只要花很少的时间，回报却无比丰厚……而且会以指数级增长。你做得越多，效果就越好。

我们要求他们每天早上抽出几分钟进行一次沟通。最终，趁着孩子们还没磕磕碰碰地走下楼梯，提出要吃三种不同口味的麦片粥，他们抓住了早晨转瞬即逝的几分钟。他们倚在厨房中间的工作台旁，胳膊肘撑在一摞摞网课资料和作业上，一边啜饮热咖啡，一边询问对方：你今天在想什么？在期盼什么？在焦虑什么？他们总能得到重要的信息——一扇通往伴侣日常生活和内心活动的窗户。他们总会在大笑声中结束对话。

"好吧，反正我不喜欢那个总让我们学动物叫的老师。"杰里米叹了口气，艾丽森忍俊不禁——她也不喜欢。

接着，我们要求他们全天关注对方的沟通邀请，并且予以回应而不是忽略。如果杰里米写邮件的时候艾丽森靠过来轻声说她观察到某个孩子做了什么，杰里米的任务就是停下工作，双手离开键盘，并将注意力放在艾丽森身上。邮件两分钟后依然存在，收信人绝不会注意到这两分钟的差别，但艾丽森会。

艾丽森在最近的一次视频咨询中说："现在仍然困难重重，要在我们的工作日程与孩子们的网课之间找到平衡真的很不容易，还有许多其他事也要处理。但我感觉我们又站在同一阵线了。面对一团混乱的生活，我们两人会并肩战斗。"

你能行

积极响应真是我们能推荐的最有效的干预方法之一。是不是看起来太过简单、太过容易？可能确实很简单，但要养成一个新习惯却并非易事。如果它已融入你们的情感生活，太棒了！注意保持！你可以把本章与接下来的练习当作宝贵的提醒，始终将"响应伴侣"作为不可忽视的首要任务。你也可以从中汲取更多的热情与精力，继续投入积极的情感沟通中去。

如果你觉得在和伴侣的日常相处中已经很少出现积极的响应，不要担心，你可以扭转局面。如同操纵一条大船转向，当航向修正的效果尚未显现时，你可能会觉得有一些费力。但将船舵转动一点点，再转动一点点，持之以恒，必定能得到回报。想象一下，那条大船一开始看起来几乎纹丝不动，但往新航线上走得越远，与旧航线偏离得就越多——如同一个不断延伸的"V"字，带着你进入全新的领域。

还记得本章之初，我们提到的参加不同讲习班的三个小组吗？其实，当时还有另外一个小组。每项研究中都会有一个不受实验影响的控制组——这是很典型的做法。但这个控制组给了我们一个大大的惊喜。

第一组讨论情谊，第二组讨论矛盾，第三组两者都讨论，控制组则不参加任何一场讲习班。我们只交给他们一本《幸福的婚姻》，并让他们和一位持证婚姻治疗师电话沟通7小时。

令人惊讶的是，控制组中没有一对伴侣联系治疗师，他们只看了那本书。然后——想不到吧，他们做得非常漂亮！仅靠阅读那本书，他们便对情感关系做出了极大的改善，而且一年后我们回访时，发现这种改善依然在持续。虽然最成功的还是参加了两场讲习班的那个小组，但控制组的读者们也紧随其后，夺得了第二名的成绩——他们比第三组外的其他小组都做得更好。他们的婚姻变得更加美满，并持续到一年以后——仅靠共读这一本书。

我们认为真正的重点正在于此：靠学习书中知识来改善情感关系，让它朝好的方向发展，是完全可行的。

知识就是力量，一旦理解了沟通邀请及对邀请的每一次回应在塑造情感关系方面的重要性，你就能在忙碌紧张的生活中做出正确选择，而长远看来，正确的选择将对你实现情感目标产生很大的帮助。

> 今日练习

10 分钟沟通法

10 分钟沟通法在早晨使用效果极佳,但你也可以将它安排在任何合适的时段。规则很简单——选择能从容不迫互相倾听的 10 分钟,可以在早上工作前喝咖啡时,也可以在晚上送孩子们上床睡觉后,询问伴侣一个简单的问题:

今天需要我为你做什么吗?

为什么这个问题可以带来"积极响应"呢?首先,它允许你的伴侣思索片刻,找出自己的需求;第二,它传递出一个明确的信息,即你今天真的很想尽己所能给他帮助和支持;第三,它能给你的伴侣一份期望——只要说出自己的需求,就能得到你积极的回应。

简简单单的一个问题,却能起到很大的作用。它是一个邀请,意味着:"我爱你,我想给你支持与陪伴。"它能建立起坚实的信任，而信任在情感关系中至关重要。信任很复杂，但它的基础却很简单。信任背后的原则就是："我会支持你，你也会支持我。"

所以，当你的伴侣给出答复时，要尽你的一切力量答应他，并将承诺兑现，无论是"带会儿孩子，让我休息休息"，还是"我想和你一起吃午餐"。

【附加分：捡起每一枚硬币】

今天，你要将每个潜在的沟通机会（哪怕是最转瞬即逝的那种）视为银行储蓄。如同走在大街上，看见满地散落着纸钞和硬币，你只需要停下脚步，把它们捡起来。花一分钟，弯下腰，将它抓在手里就行。一枚也别漏掉！一分钱也能积少成多。

请留意那些细微的沟通邀请，并给你的伴侣一个哪怕非常短暂的回应。对以下迹象要特别留意，这些都是向你伸出的沟通之手：

- 眼神接触
- 对你微笑

- 叹气
- 直接寻求你的帮助或者注意
- 说"早上好"或者"晚安"
- 向你求助
- 给你大声朗读:"嗨,听听这个……"
- 指着某物对你说:"看看那个!"
- 在另一个房间叫你的名字
- 表现得悲伤或消沉
- 独自搬运重物
- 沮丧(例如在教育孩子时遇到困难)

每一次给予伴侣积极回应,都会在你的情感银行中存入资金。这些存款不会消失,当你需要时,它们会随你取用。每天做一些小事,日积月累,你就能确保存款永远比取款多。

【疑难解答】

如果注意到了伴侣的沟通邀请,你却无法满足,该怎么办?

这种情况当然会发生。你与伴侣间的有效情感回馈不一定完全一致，这是很正常的。以下是处理方法：

· 伴侣发出邀请，但你无法满足

请回答："我很想听你说，但我现在要 _____（发邮件、送孩子上床等），待会再告诉我，好吗？"

要明确表示你很想予以响应，但条件不允许。哪怕你劳累不堪，不想进行互动，也不要忽略伴侣的沟通信号。简单解释一下无法回应的原因也是大有帮助的。

· 你发出邀请，伴侣没有响应

如果他忽略了几次你的沟通邀请，请你再接再厉！

但如果他对此习以为常，请你对他说："我不想挑刺儿，但我最近一直尝试和你交流……为什么你一直没有回应？有什么原因吗？"原因可能是工作忙、压力大或者正被某个难题搞得晕头转向。

· 沟通邀请带有负面情绪

有时候，伴侣的沟通邀请听起来带有负面情绪，或者像是在找碴儿。例如："你就是想不起来做一次晚饭，是不是？"

你只要忽略负面情绪，对其下的深层需求予以回应即可。

可以回答:"我知道你心里烦,也很累,我来做晚饭,你去休息一会儿吧。"哇——这在情感银行里可是一笔巨款呢。

DAY 2 第2天

ASK A BIG QUESTION

很高兴重新认识你

℞

今日练习 | 询问"交心"问题

人是不断变化的,
当你自以为伴侣的想法
与从前毫无二致时,
最后必定会大惊失色。

第 2 天 | 很高兴重新认识你

回想一下与伴侣初遇的情景。还记得彼此碰撞出的火花吗?还记得期盼了一整天终于见面,憋了满肚子问题的感觉吗?从"你最喜欢哪部电影?"到"如果能任意选择,你最想住在哪里?",当你跳过那支喜悦的求偶之舞,确认眼前之人便是能与你携手一生的真命伴侣时,这林林总总的问题便会从舌尖倾泻而出。

约翰和朱莉在两个月内相继来到西雅图。约翰在美国中西部教了 20 年书,刚刚搬到西海岸;朱莉本身就在太平洋西北地区长大,四海漂泊 20 年,终于落叶归根。两人在一家双方都经常光顾的咖啡馆相遇。约翰吸引了朱莉的注意,因为他模样整洁干练,在一众顾客中特别显眼。自信沉稳的朱莉也令约翰瞩目。约翰放下空杯子，走过来自我介绍，希望能同她展开一段交谈。两人聊了起来，接着又聊了更多，更多……

交往之初令人兴奋——有太多东西等你发现！你们的谈话中充满了交心的、令人激动的、探求性的问题。你们可以毫无困难地向对方提问，事无巨细地询问对方："你从哪儿来？为什么会来这里？""你从事什么职业？为什么选择这份工作？""工作之余你喜欢做什么？""你喜欢什么样的音乐……电影……书？"彼此吸引时，你们会深刻意识到自己对对方知之甚少，并迫不及待地想了解更多。

随着交往的深入，你仿佛在欣赏一部精彩绝伦的电影：看着剧情展开，对人生中这位令你激动的新主角了解得越来越多，你对接下来的剧情既期待又紧张。你询问他的童年经历，他的希望与梦想，他对未来的展望；你会发现他珍视怎样的友谊，偏好怎样的食物；你学会判断他在沮丧或激动时会有怎样的反应。初坠爱河令人陶醉，在这一阶段，我们聊起天来常常会滔滔不绝。我们讲述自己的故事，也询问对方的经历；我们分享自己对未来的憧憬，也询问对方的梦想。但随着时间流逝，诸事繁忙，新鲜感也逐渐消退，我们也不再提出交心的问题。开始时我们可能会问："你想过生儿育女吗?""如果可以任意选择,你想住在哪里?"最终,另一类问题会充斥我们的对话:"你倒垃圾了吗?""是不是该预约儿科医生了?"类似的问题取代了心与心的坦诚交流。某种程度上,这只是最现实的生活——我们确实需要讨论彼此的分工;讨论购物单上该列哪些东西;讨论怎样管理资产;等等。但哪怕生活就是忙忙碌碌,我们也不能令彼此间所有的询问都变成无穷无尽的记事清单。

和电影不同,人会随着时间的流逝而改变。那部令你在初次观看时怀着强烈好奇与期待的电影,在第二次观看时也会随着同样的剧情展开。但人不一样,相同的问题在不同时间询问会得到不同的回答。旧的渴望化为新的渴望,生活目标年年不同,就连遗愿清单也会不断改变。如果不再有交心之问,自以为伴侣的想法会与从前毫无二致,最后我们必然会大惊失色。

过远的距离

戴维和格温第一次来找我们时,已经结婚 20 年了。他们各方面都称得上"应有尽有"。戴维身居要职,工作令他感到充实;他们有三个漂亮的儿女,一座华丽的豪宅；格温在家陪孩子，全身心投入全职妈妈的责任中。他们的家庭收入十分稳定——戴维加班加点挣得了高额薪水，格温则继承了一大笔财富。问题出在哪里？为什么他们会出现在我们的办公室，分别坐在沙发的两头？

他们提出的第一个问题是：自从有了孩子，浪漫就渐渐从生活中流失了。他们不再有性生活，身体的疏远和性亲密的缺失令两人十分苦恼。但我们很快发现，主要问题并不是性——它仅仅是更深层次的问题引发的表面症状而已。他们已经很多年没有好好交谈过了。自从15年前第一个孩子出生后，他们便不再关注彼此，转而投入各种生活琐事和新手父母迫在眉睫的烦恼中。问题在于，他们从未将注意力转回彼此身上。他们互相询问："选这个幼儿园行不行？""你给水管工打过电话了吗？""这周五谁去接孩子？"他们再没问过："这是否仍是你想要的生活？"

虽说住在同一座房子里，但两人之间却隔着过远的距离。事实上，他们那座装修华美的宅子实在太大了，就算一个个房间挨着走过来，彼此也很难碰面。一对夫妻的生活可能会变成互不相交的两条平行线，他们当时的状况正是如此。

戴维和格温不想再继续这样的生活，于是来到了我们的办公室，但他们不知道该怎样改变现状。似乎每次想要沟通时，两人间的距离都太远了。生活中不是争吵就是疏离，每次想要靠近对方的尝试都宣告失败。因此，我们让他们换一种问题来询问对方，作为重新起步的开端。

重建婚姻的第一步不是问对方："你好吗？"而是问："你是谁？"

小羊凯文

新冠疫情暴发时，布里安娜和泰勒与他们年幼的儿子住在一套两居室的小公寓里。他们本打算在市区另一边找更大的房子安居，但一切都得搁置了。孩子的日托所关闭了，两人都转为居家办公，一边尽量满勤工作，一边轮流照顾孩子，可谓十分辛劳。然而，他们却维系着稳固的关系。他们没有互相指责（虽然会开开"笼中困兽"的玩笑）。他们有许多压力源和问题需要解决——像所有伴侣一样，布里安娜和泰勒也背负着他们独有的"无解难题"。但从始至终，哪怕有过争端，他们同舟共济的信念从未消退。

他们的秘诀是什么？布里安娜和泰勒列出了对方身上令自己赞赏的各种特质：泰勒照顾孩子尽职尽责，还承担着没完没了的洗衣工作；布里安娜则将他们的日常生活安排得井井有条，还是位富有创新精神的大厨。

但我们注意到了最重要的一点：他们对彼此兴趣浓厚。

布里安娜分享了他们在疫情防控期间难得的一次约会经历。两周的隔离期后，他们开车去泰勒母亲家过周末。泰勒母亲照看孩子，布里安娜和泰勒则出门散步。泰勒老家在缅因州乡下，当时下着雪，两人缓步行走在泰勒的童年故地。布里安娜已经来过很多次了，但这一次，泰勒用手指着某一块田地，开始给她讲故事。他漫不经心地说："我的小羊凯文以前就住在这儿。"

"等等，"她回答，"我们在一起都多少年了，我才知道……你还养过羊？名字叫凯文？"

他们在寒冬中边走边聊了几个小时，直到手指冻得麻木了才转身回家。那只名叫凯文的小羊领着他们回溯了蜿蜒曲折的时间之路——最后，他们聊到了少年时代对人生的想象，有些方面与现在的生活一模一样，有些则大不相同。

"可以说我傻吧，但我永远忘不了小羊凯文，"布里安娜说，"因为就在那一刻，我意识到泰勒永远不会失去给我惊喜的能力。"

划重点：任何人都能给你惊喜，只要你给对方这个机会。哪怕在疫情封锁之下，布里安娜和泰勒的生活依然欣欣向荣，因为他们从未失去对彼此的好奇心。

很高兴（重新）认识你！

人们会随着时光流逝而产生变化，尤其是在一个人上班、另一个人带孩子的情况下（例如戴维和格温）。通过改变提问方式，戴维和格温的情况已经大为改善。我们让他们每天先相互问答10分钟——他们也只能挤出这么多时间，但10分钟已足够让他们开始再次了解彼此了。他们回到最初的起点，重新认识了对方。

任何一段关系都是无数次重新相识的过程，这个过程会持续多年。你的一生会发生很多改变，你的伴侣也一样。你的身体细胞会凋萎重生，大脑结构会产生翻天覆地的变化。而当你在人生之路上前行，新的体验也会促使你重新审视自己的欲望、信念以及对自身的看法。两人在喧嚣纷繁的人生旅途中同行，忽视自己或对方身上的重大变化是常有的事。

人类是群居动物——离开与他人的联系，我们便无法生存。与他人产生联系的第一步就是了解对方，并为对方所了解。而要了解对方，尤其是对方的内心活动，头号秘诀就是提问。在约会阶段，我们能自然而然甚至毫不费力地做到这一点。渐渐地，我们变得忙碌起来，然后我们成为搭档，一起完成生活中的各种任务。成为搭档是很好的，但必须牢记，我们依然是两个独立个体，正在随着时间流逝而成长、改变、发展。

和伴侣们打交道时，我们会提到"爱情地图"的绘制。"爱情地图"指的是你对伴侣内心世界的密切了解。他的期待和梦想、他的信念、他的恐惧、他的渴望。你必须向他提问，不仅是为了绘制爱情地图，也是为了更新爱情地图。这意味着你要提出开放式问题，我们的"交心问题"指的就是这个——无法用"是"或"否"来回答，没有快捷的下拉菜单供你选择。开放式问题没有预设好的答案。我们都知道，对于"你缴过电费了吗"，正确回答只有"缴过了，亲爱的"。开放式问题充满了可能性，它为你开辟的道路不止一条，而是许多条。你不知道对话下一步会转向哪里，也不知道你们聊天的结果是什么。这就是你更新爱情地图并绘制新地图的途径——既要向前突入新领域，也要回到之前绘制过的区域，看看那里发生了什么改变。不要把这类探索性的问题留到约会之夜，它们应该成为日常习惯，而非"特殊场合特供"。

对于作者来说，自身的情感关系向来是一片丰厚多产的沃土，从中能生长出各种崭新的情感理论——揭示人们为何走到一起，又为何分道扬镳。有时两人互相扶持，小心翼翼地找出一条突破困境的出路，我们就会想："这方法对其他人也管用吗？在纵向研究中能否站得住脚？"我们自己的争吵与和好会将我们带回到实验室，在那里，我们会通过实验方法来证实（或者否定）在自身情感关系中的新发现。同时，实验研究中出现的信息也需要我们自己进行测试。与客户的沟通工作、夫妻间的相处、实验室——生活中的每个因素都会对其他因素产生影响，如同一个盘旋上升的巨圈。在这个巨圈中，我们研究着长期爱情关系的内部机制、各要素的作用、感情和睦的方法与感情破裂的原因，并对它们了解得越来越多。

我们在戈特曼研究所创造的最有效的一种干预方式，是受到一次争吵的启发。那次我们吵得非常厉害……

爱情地图上的空白地带

那时我们已经结婚 4 年，生活在西雅图，经营着情感实验室，常常与客户见面。我们非常享受忙碌的都市生活——有钟爱的咖啡馆和餐厅，我们会带着女儿逛公园和博物馆。但我们也喜欢离开城市。我们开始在圣胡安群岛中一个岩石嶙峋、人口稀少的小岛上租房子，小岛位于西雅图北方，只需要几个小时车程就能到达。岛上有宁静的小镇、葱郁的森林和无穷无尽的远足路线。我们去待了几个周末，玩得非常愉快，以至于有一年夏天我们在海边小屋租住了整整一个月。我们在树林里漫步，还乘坐独木舟下海。

身处自然的怀抱中，我们两人都觉得焕然一新——朱莉尤其如此。一到租住的小屋，她就迫不及待地穿上远足靴走进洋溢着雪松芬芳的森林，或者跳上独木舟，将船桨插进波光粼粼的清澈海水。约翰虽然也觉得这里景色宜人，但暖烘烘地坐在沙发上烤火，一边喝咖啡、品茶，一边看微分方程书对他来说也同样愉快。

有一天，我们在林中过完周末，回到家里。朱莉说："我想在岛上买座小屋。"

约翰吓了一跳。"绝对不行，"他说，"不可以。"

争执就像火柴，一擦即燃。"怎么不行？"朱莉问，"我们明明买得起！"她列出了所有买房的理由。约翰则挨个驳回——这个想法不现实；其实我们没那么多钱。这几句话我们翻来覆去地扯个没完。争吵开始变得激烈，约翰四处打听能帮忙的婚姻治疗师。他找到一位似乎很合适的治疗师，在初步咨询后，他感觉治疗师会支持他（这可不是选择治疗师的好理由！）。我们开始在这位治疗师的陪同下仔细讨论此事，但进展不大——朱莉不明白，对她来说这么重要的事，约翰为什么连考虑一下都不愿意。约翰则搞不懂为什么朱莉对此事如此苛求又固执。不需要什么小屋——现有的家庭生活对我们来说已经足够了。

有一天，治疗师说："约翰，你不需要过于迁就朱莉。告诉她这事儿已经定了，她会接受的。"

约翰大惊失色。他很乐意有人帮他说话，但绝不愿意采取这种解决方法——这种生硬、武断、要么听话要么闭嘴的思维方式。"朱莉，"离开治疗师办公室时他问，"我说话时是那种语气吗？"

"是的，没错。"朱莉说。

约翰还是不想买小屋，但他也不想养成那种对抗式的人格，他同样不想陷入对抗式的婚姻。

在治疗师办公室里没有谈及的事，我们最终在家里讨论了起来。我们互相提问：为什么你这么想要买小屋？为什么你这么反对买小屋？

朱莉描述了她在俄勒冈州波特兰市的成长经历——这是个繁华的城市，人口众多，同时也有着全国最大的市立森林公园。几个街区之外就是她和父母的旧居，可以说她是在森林公园里长大的。她在公园里发呆、奔跑。在家庭氛围变得紧张时（这是常有的事），公园是她避难的港湾；在家待不下去时，她会在夜里偷偷溜出门，睡在林子里。她爱上了树木，她觉得在森林环抱中比在人群之中更自在。对她而言，潮湿浓郁的泥土气息和被碾碎的松针散发的香气就是家与安全感的味道。

自从搬到西雅图，她就一直在寻找能让她重温旧梦的大片荒野——在这个岛上，她找到了。

约翰是在布鲁克林长大的。对他而言，大自然是个郊游的地方——时间还不能太长。去野餐，在地上铺条毯子，回家前别忘了把自然从身上掸掉。但在交谈之中，他意识到自己的抗拒有着更深层的原因——和他的父母有关。他的父母曾在维也纳居住，父亲是位研究医药的犹太教拉比。后来为了躲避大屠杀，他们不得不背井离乡。他们失去了一切财产——公寓、家具、衣物、相片和家族遗物。他们徒步翻越阿尔卑斯山，逃去了瑞士，口袋里只有一块糖和一个柠檬。后来，他们迁居到多米尼加共和国，身边一无所有。约翰就是在那里出生的。他父亲常说："绝不能相信你能居有定所。没有什么是永恒的。"

约翰的信仰体系是：不要把钱投资在动产或不动产上，要投资在教育上——只有学到的知识才能永远与你相伴，无人能将它们夺走。

这次对话后，我们的经济状况、喜好与核心人格都没有丝毫改变，却对彼此有了更深入的了解，这也给我们提供了更妥善的解决方法。最终，我们相互妥协，达成一致，两人都得到了自己想要的：约翰支持朱莉买一座海岛小屋，条件是朱莉同意在家遵循犹太教的饮食习惯（这对约翰来说很重要）。而且，如果两年后他依然不热衷岛上度假，他们就把小屋卖掉。

剧透警告：我们没有卖掉小屋。

这场争吵为我们开辟了新的生活方式——现在我们每年大部分时间都住在小岛上。这场争吵也使我们萌生了一个重要想法，给工作带来了巨大突破。我们将其称为"停火寻梦"练习。这个想法是：伴侣间大多数争吵其实和表面上的争吵原因无关，而是另有更深层次的原因,隐藏在争吵时双方各自的主张之下。当伴侣们遇到一个似乎无法解决、一谈即爆的僵局,这僵局的表面之下往往埋藏着一个他们尚未意识到,甚至未曾承认过的人生梦想。就我们而言,我俩在"是否买得起小屋"上花了大量时间争论,几年后才最终找到了真正需要回答的问题:"在这件事上,你梦想着什么?又恐惧着什么?"

我们将这个想法带进实验室,作为伴侣讲习班的主题。我们发现这样解决矛盾(即思考和谈论彼此的梦想)在87%的情况下能带来重大突破,甚至对关系非常恶劣的伴侣也是如此[1]。有些参加讲习班的夫妻已经离婚,想试着重新接触。即使对他们来说,这个方法也常常能取得良好效果。

这对我们的启发就是:大部分矛盾本质上与性格无关,与该谁洗碗无关,与银行里有多少存款无关。它关乎梦想、价值、意义、经历,甚至会涉及几代人的家史。所以我们需要学会绘制爱情地图,学会提问。

我们越是彻底地记录彼此的内心地形,越能完整地理解伴侣对未来的想法,以及过往经历对他的影响。每对情侣的爱情地图上都有大片的空白地带。你填补得越多,越能理解你的伴侣"来自何方"。我们常说"某人来自某地",神奇的是,它能完美描述理解他人和为他人所理解的状态。你们两人在相遇前都有着完整的人生,你来自自己独一无二的"国家"——其中充满了悲喜交加的往事和无穷无尽的细枝末节,你的伴侣则来自另一个"国家"。在试图给你伴侣的"家乡"绘制地图时,你必须明白这样的绘制永远不会结束——理解对方是怎样的人,观察他怎样随时间变化,是个持续一生的大工程。我们可以向你确保一点:<mark>如果你怀着好奇心去接近你的伴侣,你会持续不断地获得新发现</mark>。就算经过一生的相处,也依然有新的秘密等你揭开。

做地形学家,绘爱情地图

威廉和玛丽安娜在华盛顿州的奥卡斯岛居住多年。和岛上的许多居民一样,他们搬到岛上是为了体验不一样的人生——过简朴、节约的生活,只使用必需品,靠手头已有的东西来解决需求。他们拥有的东西并不多,但二人似乎并不在意。他们的食物主要来自自家的花园,此外,玛丽安娜还有一项引以为豪的本事,便是自己修补损坏的设备和家具。他们住的房子也是自己建的。他们日复一日地重复着一成不变的日常生活，彼此间关系很好，但有时也为无聊沉闷的日子而忧心。

成熟稳定之爱带来的轻松与安慰，可能会使人忽略新生之爱的鲜活与兴奋。 你可能会想，伴侣身上实在没什么新东西可供探索了，其实你和伴侣的内心世界时时刻刻都在变化。更重要的是，在与伴侣相伴几十年之后，你可能还有很多东西尚未发现。当你再次向对方提出交心之问，结果会是什么？惊讶。

威廉和玛丽安娜的烤箱出了故障，已经闲置多年。玛丽安娜一直想修好它，但始终没有成功。再说了，灶台也够用了。他们把坏了的烤箱放在家里整整15年。

然后新冠疫情来袭，和所有人一样，威廉和玛丽安娜被困在家里，想找些事来打发时间。一天，玛丽安娜问威廉喜欢做些什么。

"我真的很喜欢烘焙，但是现在没法弄，"他说，"咱们能不能把烤箱修好？我真的很想烤些东西！"

玛丽安娜吓了一跳——这么多年来，威廉从未显示过一点点对烘焙的兴趣。"好吧，"她说，"行，既然你这么想要。"

她放下了"修理能手"的骄傲，打电话请人来修烤箱，结果很轻松就修好了。真想不到，威廉原来是个烘焙大师。他立刻就烤出了香喷喷的黑麦面包和酸种面包,还有花式繁多的蛋糕、曲奇和松饼。他们乐开了花。现在他们总是一起做烘焙,威廉还讲了他学习烘焙的经历和热爱烘焙的原因。各种各样的童年回忆浮出水面,玛丽安娜此前从未听他说过。威廉还说,他一直梦想着能开间面包店。

这是件非常美妙的事——两人一起做着开心的事,而且再次谈起了未来,这么多年来,她一直不知道威廉的爱好能带来如此多的欢乐。

这就是你今天的任务——成为地形学家,做爱情地图的绘制者。将以下内容视为你的工作:进入你以为已经很熟悉的区域,仔细观察,在你伴侣的世界里发生了什么变化?你发现自己有哪些盲点?

经历了 34 年的婚姻,这依然是约翰每天在朱莉身上必做的功课。他总是在思索:现在她在想什么?今天她吃了什么?她在担心什么?期盼什么?在生活里的哪些新事物(新朋友、新习惯、成为祖父母的可能性)上,我可以了解到她的想法?对于她,我现在了解什么?不了解什么? 换句话说:我忽略了什么?

一旦开始探索,你往往不仅能得到要找的信息,还能发现一些意外之喜。爱情地图变成了一张藏宝图。

今日练习

询问"交心"问题

今日任务：询问伴侣一个交心的问题，看看能得到怎样的结果。交心问题是开放式问题，不能用固定的"是"或"否"回答。正确答案不止一个，而是多个。作为"地形学家"，你的任务是紧跟对方的思绪，无论它将你领向何方。

交心问题不必非得一本正经，不必非得讨论重大事务，也不必非得涉及人生意义——当然，要涉及也行！可以考虑以下范例：

- 你人生中有哪些尚未达成的目标？
- 你希望孩子能从你的家族中传承到什么？
- 你在过去一年有哪些变化？
- 能谈谈你目前的人生梦想吗？

交心问题也可以有趣、轻松、蠢萌：

- 如果能变成任意一种动物过一天，你想变成什么？原因呢？
- 如果能给我们设计一座完美的房子，你想把它设计成什么模样？
- 如果明早醒来能得到三种新技能，你会选择哪三种？

选择其中一个问题，或者自己设计一个。问题必须是开放式的，没有固定答案，而且思考和讨论起来要有趣味性。不必探究棘手的话题，也不要挑起争论。有些问题的走向会令你大吃一惊。

以下是我们最喜欢的问题之一，无论是初次见面的年轻男女还是金婚之年的老夫老妻，它都令人兴味盎然：

你觉得哪 5 部电影改变了你的人生？

我们接触过的一对夫妇就是从这个问题入手的——丈夫询问结婚 20 年的妻子，而他们怎么也绕不过她想到的第一部改变人生的电影：上映于 1992 年的经典之作《单身一族》。电影主角是居住在西雅图的一群青年，他们玩音乐、卖咖啡、搞事业，同时还轰轰烈烈地谈恋爱。据她描述，这部电影在少女时代的她心中深植了一个念头，那就是她有朝一日也要成为在咖啡馆工作的西雅图女郎。大学毕业后，她便实现了自己的梦想，就在此时，她遇到了她的丈夫。他向她微笑，趁着她给他做拿铁咖啡的当口儿，在奶泡机的嗡鸣声中挑起了话头。这部电影促成了他们的婚姻，但令她震惊的是，他竟从未看过它。于是他们立刻观看了电影，并且整晚都在谈论多年前初次来到西雅图时各自对生活的展望，现在的共同生活和早年的展望有多么相似，又是多么不同。他们聊到了两人都逐渐偏离了当初的梦想，也聊了以后要怎样找回方向。

提一个交心之问吧——看看它能将你们带往何方。

【附加分：持续对话】

鼓励你的伴侣多说一些，多使用探究性的语句，表达你的兴趣与好奇。你不需要对他说的一切予以回应，也不需要解决他的问题。事实上，你要克制给对方解决问题的冲动，那是另外一种类型的对话，并非你今天的目标。绘制爱情地图的关键是倾听，在爱人身上找到新发现，并为此而惊奇。

如果感觉自己下意识跳到了"解决问题"模式，或者忍不住想反驳对方的话，请你先默默地将开口的冲动放在一边。告诉自己：现在不行，以后再说。

让对话继续下去的简单方法：

- "给我讲讲那件事吧……"
- "把事情经过告诉我吧！"
- "当时你是什么感觉？"
- "继续说……"

【疑难解答】

你想向伴侣提出交心的问题，也希望他来问你。但可能一开始你会感到困难或生疏。如果感觉开不了口，可以考虑以下建议：

- **你们的感情进展到了哪一步？**

在相识之初，不要急着问对方过于私人的问题。你刚开始了解的那个人可能并不想将话题跳到自己隐秘的人生梦想和渴望上。别操之过急——你们为对方绘制的地图才刚刚下笔。假以时日，你可以不停地为地图描绘细节。如果能养成琢磨对方心思的习惯，尝试查缺补漏，你还能做得更好。

· 你们有多少时间？

问得越深入，越需要时间来讨论。别在客人即将上门做客的时候询问伴侣的痛苦童年回忆。请选择一个适合此时询问的问题。用餐时间就是个很好的时机，你还能将提问对象扩大到孩子、父母或其他家庭成员和朋友身上。"如果能拥有任何魔法能力或天赋，你会怎么选择？为什么？"这是个从孩子到百岁老人都喜欢讨论的问题。

· 去远足

如果你对这种形式的交流感觉力不从心（可能已经有一段时间没问过对方这样的问题了），那就邀请伴侣去远足吧。不要坐在那里大眼瞪小眼，走动起来，你们就能把鞋子上的尘土与尴尬的气氛一起甩掉！身体的活跃能帮助你们进行心灵的交流。另外，两人一起叠衣服、做饭或打扫车库的短暂时间也可以利用起来。

- **玩游戏**

我们的免费戈特曼卡牌游戏（Card Decks），以我们在讲习班中给客户使用的真实卡片为灵感，包含大量有趣的问题与提示。找到"开放式问题组"，轮流翻开卡片，抽取问题向对方提问吧。有时候，很难找到一个完美而自然的时机进行提问——那就在兴之所至的时候玩一局游戏吧！

- **提供示范**

如果伴侣觉得回答你的问题较为困难，不妨先自问自答，让对方更加轻松地投入对话。"如果能拥有第二职业，你觉得自己会做什么呢？"然后自己回答："因为疫情的原因，如果可以从头再来，我想当个流行病学家。比起现在的工作，我更喜欢科学研究。从前我对自然科学很感兴趣，但我觉得自己在这方面不擅长，所以没有走科研的路。我一直觉得自然科学令人着迷，而且研究流行病也是一种为人类做贡献的极佳途径。顺便一问——你呢？"向伴侣展示你想怎样进行交谈，这样他就能更轻松地跟上你的话题了。

DAY 3　　　　　　　　　　　　　　第 3 天

**SAY
THANK YOU**　　　　　　　**谢谢你
为我煮咖啡**

℞

今日练习 ｜ 学会说"谢谢"

认真思考一下有哪些事
被你视为理所当然,
还有哪些事
被你视而不见。

第3天 谢谢你为我煮咖啡

每段情感关系都是独一无二的，同时也面临着独一无二的挑战，这是由每个人的经历、性格、渴望、交流方法等导致的。最重要的是，外界的压力也施加在人们肩上。经济压力、工作需求、家庭关系、不公正待遇……每对推开我们大门的伴侣都是独特的案例，是以上这些事实与影响的混合体——世上不存在两段完全相同的情感关系。但话说回来，接待无数对伴侣、研究数量庞大的人群后，我们获得了一项本领——能看见大家共同拥有的某些特点。其中一个很重要的共同点就是：每个人都希望得到赞许，希望自己的努力能得到承认。每个人都希望被看见。

一叶障目

从很多方面来看，年近 40 的诺亚和梅丽莎都是一对成功的夫妇。他们在各自的领域中出类拔萃，是功成名就的专业人士。他们成立并运营着自己的公司，10 年来每周工作时长都超过 100 小时。他们一起建了一座房子，还生了一个宝宝，现在已经到了蹒跚学步的年纪。经过长久的等待后，他们即将领养另一个孩子。他们想要改变生活方式，于是卖掉公司与自己建造的房子另置新居，打算过慢节奏的生活。但据描述，他们"拼命找事儿做，就像站在跑步机上一样，停不下来"。他们积极投入改造新房的活动中，梅丽莎还开始了写书。他们感觉和从前一样忙碌。

他们上进、努力、聪明、勤奋——精疲力竭。10 年来超负荷工作、照顾孩子，所有时间都被提前安排，这使他们感觉自己快被燃尽了、压垮了。他们面前的任务堆积如山，满得都溢出来了。两人都觉得自己肩负着解决所有问题的职责。他们眼中只有一切尚未完成的事，一切对方没有做的事。最新的账单还没支付，新浴室的线管还没装好，还有为人父母无穷无尽的琐事——总得有人去做（和医生预约，买新鞋，买新尿布，等等）。无止境的工作、生活、育儿和永远在增长的任务清单将他们淹没了。两人都觉得自己已经全力以赴，却依然节节败退。只需瞥上一眼，他们就能看见（并指出）对方所有不够尽力的地方。

梅丽莎能就事论事、有理有据地指出诺亚的一切不足：他早该完成甲或者乙，他早该对丙有所规划。对此，诺亚会勃然大怒，满怀恼火与抵触情绪。梅丽莎的指责对他来说是不公正的抹黑，于是他也予以反击。他的反应招来了更多的指责，这就形成了恶性循环。

诺亚与梅丽莎的困境并不罕见。如今许多伴侣双方都全力以赴地投入工作，以致两人的生活轨道变成了平行线——他们像火车一样，在各自的轨道上全速前进，互不相交。两人都沉迷于制订计划，然后完成计划，却常常忽略对方在做什么。他们只能看见自己面前的任务和挑战，还有没完没了的任务清单——要做的事实在太多了。他们其实是被遮住了眼睛。

过去很长一段时间里，在婚姻咨询领域中，治疗师们都将不愉快的夫妻关系归因于日常相处中对彼此态度欠佳——换句话说，他们缺乏积极行动，比如响应对方的沟通邀请、帮对方解决问题、表露爱意，等等。他们提出了"正能量日"，要求伴侣们在这些日子里对彼此更加体贴、关爱。很快,他们便将这个方法丢进了废纸篓——没用。其实,大多数人本来就很关心自己的伴侣,他们只是没注意到伴侣对自己的关心。

1980年,伊丽莎白·鲁宾孙和盖尔·普赖斯进行了一项研究。她们在一些家庭中安排了两位观察员,分别观察夫妻二人[1]。观察员的任务是寻找人们对伴侣所做的正面行为。同时,她们也训练夫妻互相观察,并将"令人愉快或不快"的行为记录在配偶观察表上。研究结果令人惊讶:婚姻不幸的夫妻忽略了伴侣50%的正面行为。婚姻幸福的夫妻间的正面行为并不比前者多——他们只是更擅长注意到伴侣的正面行为罢了。

在对伴侣的观察中(其实对自己生活的观察也是如此),比起正面因素,我们更容易注意到负面因素——这些负面因素就像闪光的霓虹灯广告牌一样跳到了我们眼前。部分原因在于人类大脑的进化机制——我们会自动搜寻问题,因为解决问题有利于生存。我们也愿意相信自己是客观的世界观察者,相信自己搜集到的信息是公正可靠的。脑科学告诉我们的事实却恰恰相反:既然你在搜寻问题,那就只能找到问题。大脑中负责注意与处理的功能网络会按照你的假设与期待对整个世界进行筛选,确保你只能看见你想看到的。

心理学家罗伯特·维斯提出了"消极诠释"的观念，即当情感关系中过于强烈的负面情感已成常态时，哪怕你目前所处的这一刻是积极正面的，也会被染上负面色彩[2]。处于负面视角时，伴侣及其行为在你眼中就会扭曲变形。你没能从整体上看问题，因此视野受到了限制。你专注于负面因素，却忽略了正面乃至中性的因素，于是你和伴侣的互动便在负面理解的方式下变了味。

思考一下，以下这些例子与你的情况是否相符：

只能看见伴侣的错处。想象自己跟随伴侣在家中活动一整天，伴侣每多做一件错事或少做一件正确的事都被你观察、监测、记录下来，毫无遗漏。你将伴侣所有的不足和令人失望之处列成了一张表，不愿再给他获取你信任的机会。当你看见洗碗池里堆着没洗的碗盘时，你想的不是他接连开了几场网络会议，时间太紧了。你想的是他不如你在意这个家。

不把自己的需求与愿望告诉伴侣。你觉得自己对他的要求是显而易见的，不需要特意指出或者开口询问。你认为他明知道这事该做，却视而不见，或者她明知道这件事对你很重要，却漠不关心。当他没有主动按照你的想法行事，你便会责怪他不作为。

将需求与愿望告诉伴侣，但他的做法与你不同，你就会指责他。你的目的很明确：把事做了，而且要做对！你想让他洗衣服，他却把你的毛衣洗缩水了。你想让他偶尔做一次饭，他却把你花大价钱买的羊排烤焦了。你交给伴侣一项任务，他也乐于完成，但你却在他做事的过程中干涉过多。结果他并没有再接再厉，反而压根不想做了，因为他讨厌被你指手画脚，最终你们两人都憋了一肚子火。

要使情感关系充满活力，伴侣们必须培养互相感谢的习惯，在留意到对方错误的同时，也要擅长发现对方做的好事。人们常常只注意到伴侣没做什么，这是一个陷阱。你会形成一套说辞，把自己说成唯一在付出的那个人，并对此信以为真。当你一心挑错时，你能看到的也只有对方的错误。

要打破这种默认的心理习惯，你必须养成新的习惯：寻找正面因素。如果你赞赏对方的能力较为薄弱或基本为零，那当务之急就是将它重新启动。改变自己的思维定式，去寻找对方的优点而不是缺点。

改变筛选机制

我们合作过的一对伴侣在此方面有了极大改善，秘诀正是……咖啡。

乔尔和戴维来见我们时，对彼此的失望已成为常态。两人都觉得无论怎么努力都难以让对方满意。两人都长篇大论地将对方抱怨了一番——大多是小事，但我们都知道，所谓小事，会像洗碗池中的脏碗一样越积越多。两人都觉得自己吃了大亏，独自承担了一切。他们都满腹怨气。

有一天，他们按约前来咨询，我们发现他们好像有了变化。两人间气氛的改变非常明显。他们对彼此更热情也更亲密了，甚至在沙发上也坐得更近。他们似乎很放松，也比平时更加坦率。

我们问：发生了什么？他们对视了一眼。乔尔微笑着耸耸肩说："他谢谢我替他煮咖啡。"

上周，乔尔出了趟差。他有早起煮咖啡的习惯，上班前会把香浓的热咖啡倒进咖啡壶，这样戴维（他是个夜猫子）起床时，就有刚煮好的热咖啡等着他了。乔尔做这事已经很久了，早在结婚之前，刚交往时就开始了。煮咖啡已成为日常生活的一部分，早已引不起戴维的注意。但乔尔离家的那一周，戴维醒来时，面对的只有静悄悄的厨房和冰冷的空咖啡壶。他得自己磨咖啡豆，笨手笨脚地摆弄不熟悉的咖啡机，他这才意识到自己对这温馨的日常小事是多么感激，又是多么依赖。他开始思考还有哪些事被自己视为理所当然，还有哪些事被自己视而不见。

当然，一句"谢谢你"不能奇迹般地解决一切。但是它起了作用，令他们的负面滤镜出现了裂痕。戴维是这样说的："当我开始寻找乔尔的优点时，我发现优点俯拾皆是。当然，依然会冒出许多问题，但正面因素要多得多，相比之下，那些问题都不算什么了。"

寻找正面因素而非负面因素，就是用不同的方式使用大脑——这就需要你对大脑进行训练。因为从许多方面来看，你被预设了程序，将寻找负面因素设置成了默认状态，并不是拨一下开关就能开始寻找正面因素那么简单。开始时你要稍稍努力一把——就像骑自行车一样。但这里有个好消息：人类大脑有着不可思议的神经可塑性，这意味着通过刻意练习寻找正面因素，你可以"改写"自己的神经回路。

威斯康星大学麦迪逊分校精神健康中心创立者、主任及神经科学家理查德·戴维森发现，通过扫描大脑可以看见正面情感。研究中，他通过连接在头皮上的电极，使用脑电图对脑电活动进行监测。当研究者要求实验对象在脑电图监测下描述自己平常的一天时，消极情绪引发的大脑右前侧活动远远多于左前侧，而右前侧正是我们处理恐惧、悲伤、厌恶等情绪的区域——这些情绪常令我们远离世界，逃避与他人互动。同时，大脑左前侧区域负责处理的情绪通常会推动我们接近他人与世界，如爱、兴趣、好奇甚至愤怒——愤怒其实是一种"接近类"情绪，它会让你与他人互动，而不是封闭内心。积极大脑与消极大脑不仅在大脑扫描中表现迥异，它们的作用也不同，脑电活动会激活特定的区域和通路。当人们执意用负面眼光看待世界时，大脑的所有信息处理都会受到影响，并对你的视角、关注对象和感受进行塑造——它在塑造你的生活体验。它不仅塑造你看待周围世界的方式，还会产生"下游效应"，对你的心理甚至生理健康产生不良影响[3]。戴维森发现，专注冥想——一种拉回飘散的思绪，专注于此时此刻的练习方式，可以逆转负面思维习惯，一开始只在冥想过程中奏效，久而久之则会产生永久效果[4]。

重点是：当你将时间花在搜寻正面因素而非负面因素上时（很不幸，对大多数人来说，搜索负面因素是大脑的默认运行模式），你就能从细胞层面上改变大脑的功能，开辟新的通路，激活新的突触。训练大脑去除消极滤镜，用另一个视角看待世界，这对你的大脑、身体和情感关系都有好处。

正面视角的力量

我们对遭受家庭暴力的伴侣进行了一项研究,看看对大脑进行积极思考训练,外加提高自我疏解的能力,能否使他们的处境得到改善。简单说明一下:参与实验的伴侣并未遭受严重的家庭暴力,我们所干预的伴侣之间存在轻微至中度的家暴行为,伴侣双方在逐渐升级的冲突中都表现出了暴力倾向,但过程中无人受伤,而且双方都愿意做出改变。为了这项研究,我们给正在面临沉重压力的人(家境贫寒且在冲突中陷入暴力循环)开发了一门课程。

为了向人们直观地展示大脑和身体发生的变化,我们引入了一种用于生理反馈的小型装置,名叫"心波",可以测量心率变化,并用各种颜色向使用者警示他们的身心状态。装置指向红色区域时表示使用者正处于高度兴奋状态(并非好事!),情绪泛滥,易产生暴力行为。但通过放缓呼吸、延长吸气时间并呼气、回想生活中令他们愉悦的正面因素,装置会指向绿色区域。将正面因素可视化是一种非常有效的策略,可以释放压力、规律心率,并使装置一直指示绿色区域。

受试伴侣一周与组织者见两次面,每次使用生理反馈装置5分钟,同时进行呼吸与正面思维训练。从为期20周的研究结束直至其后一年半的时间里,我们发现受试伴侣间的敌意消退、情谊增长,彼此产生了更多的激情与浪漫[5]。我们消除了家庭暴力,并彻底改变了受试伴侣在冲突中的生理机能,使他们在意见分歧时依然能保持平静。正面视角是非常强大的——它给陷入困境的伴侣们提供了极大帮助,这意味着它对所有人而言都是一项极其有效的技能。

大脑再教育!

着手处理诺亚和梅丽莎的案例时,很明显,他们正处于负面筛选模式之中。他们整天都在互相打"错误标记"。所以我们第一步就给他们下了禁令:从现在起,不许指责对方!但允许他们进行"无声挑刺儿"。我们是这样向他们解释的:"你们的大脑会去寻找负面因素,然后大脑里会出现一些挑刺儿的话,别让这些话从你的嘴里冒出来。可以把它们当作沙子,默默地吐掉。"下一步,我们要求他们互相监视。要像老鹰一样从早到晚盯着对方，留意对方做了哪些好事。只需观察，不进行任何干预或评论，看看会有什么发现。

想不到吧，梅丽莎发现诺亚为她和家庭做了极大贡献。举个例子，他每天给孩子洗澡。梅丽莎第一次意识到这件事要耗费多少时间与精力，诺亚对他们的女儿又是多么温柔，把她照料得多好。他额外做了许多家务，好让她有更多的时间来写书。出书的事令她很焦虑，压力很大，他给了她许多鼓励与精神支持。他背负的责任之重令她震惊。她觉得自己肩上的担子变轻了，虽然她的任务清单还是那么长。知道诺亚也肩负这么多责任后，她的感觉完全不同了。

在我们帮助梅丽莎认识到诺亚的贡献后，她就一直在说"谢谢你做这些"。一旦看到了他的努力，感谢的话便自然而然地脱口而出——她非常感动且感激，并把这种感受宣之于口。诺亚呢？他整个人都融化了。之前他浑身尖刺和铁甲，现在他成了一块暖乎乎的果冻。他的抵触、怒火、怨气，全都嘶啦一声蒸发了。先前向下旋转的负面螺旋在我们眼前转换了方向——梅丽莎对诺亚的态度温和了许多，诺亚也能轻松地回应这份暖意，并为梅丽莎所做的一切向她致谢，虽然那本书占去了她大把的时间。正面强化与真诚感谢的良性循环就像一股上升气流，托着他们越飞越高。

在新冠疫情防控期间，我们见过许多夫妇深受负面筛选机制之苦。据心理健康专家报告，抑郁情绪检出率出现了多个高峰。疫情对生活的种种限制带来了严峻的考验，不可控的外部力量把所有人困在家中，一天24小时都要和另一半待在一起，使伴侣们处于极大的压力之下。

当两人每天朝夕相对时，你可能会发现伴侣行事方式处处都与你不同，考虑问题的重心也和你不同。当你一上午都在忙着打扫卫生，伴侣却对堆积的脏衣服置之不理，径自走进厨房为自己做午餐，这对圣人的耐心也是一种考验。但还是得回到那个基本事实上：我们骨子里是群居动物。群居动物在压力下协同生存时的表现最为出色，远胜"各扫门前雪"时的崩溃心态。我们越是以积极方式进行互动（虽说有时有些吃力）越能轻松地渡过难关，甚至还能活得有声有色。寻找伴侣做的好事是一个小小的思维调节，只要长期坚持，它不仅能改变你大脑的处理模式，更能成为一剂强力解药，抵消被我们称为"婚姻末日四骑士"的情感破坏因素的攻击。如果我们没有养成赞赏、感谢伴侣的习惯，婚姻末日四骑士——指责、蔑视、抵触和回避，便会乘虚而入。

要想赶走婚姻末日四骑士，或者一开始就将他们拦在门外，你需要将"不可见"变为"可见"。我们得找到之前被隐藏、被忽略的闪光点，注意它，并且欣赏它。我们还可以更进一步，将镜头转回自己身上，问问自己：当你感受到对伴侣的爱意或感激之情时，有没有把它说出口来？有没有将它传达给对方？还是说你想当然地以为他已经知道了？

要养成习惯，大声说出这些想法和感受，而不是将它们憋在心里。想到了就说出来。一旦养成这个习惯，你和伴侣之间的关系将得到立竿见影的改善与提升。

托尼和桑妮是我们最近接待的一对夫妇，他们面临的情况极具挑战性：丈夫托尼和前妻詹妮弗共同抚养女儿，不幸的是，托尼和前妻的关系非常恶劣。共同抚养中的各种琐事令人难以应对，给他们造成了很大的压力。每次和詹妮弗打交道，每次谈及詹妮弗的问题，托尼和桑妮都吵个没完。他们感觉自己成了詹妮弗的攻击目标，仿佛她有意给他们的婚姻造成了压力与创伤。事实上，托尼和桑妮过于关注压力与危机，所以他们也顺带关注到了对方的一切缺点，这就加重了他们的压力。他们不再互相关爱，看不见对方的优点、一刻不停地指责对方。托尼在詹妮弗处遇到困难，却无法开口和桑妮讨论，因为她会曲解他的话，并将其视为对她的攻击。负面筛选机制已经覆盖了托尼和桑妮的全部生活，以至于来见我们时，他们的态度是："我们还结什么婚呢？有什么意义？"

我们的干预方法是什么？转移他们的注意。让他们接受事实：和詹妮弗接触会遇到压力和困难，这一点你们无法改变。我们要求他们专注于在家庭和婚姻之内开辟一个互帮互助的健康环境。我们给他们两人分派了任务，托尼的任务是让桑妮度过乐观积极的一周，桑妮的任务则是留意到托尼的努力。

转移注意后，两人突然发现了配偶的可贵之处，看见了对方的辛苦贡献。他们能够一起解决问题，也能在应对詹妮弗与共同抚养事务的同时，阻止托尼上一段婚姻的毒液渗入目前的情感关系并在双方之间造成裂痕。他们的成功令人惊叹。在咨询时，我们给托尼和桑妮提供的帮助其实微乎其微。通过在家中积极地使用感谢策略，他们靠自己的力量赢得了胜利。他们练就了高超的本领，能在负面因素的火力攻击下保护自己的情感关系，给婚姻穿上了防弹衣。

> 今日练习

学会说"谢谢"

说"谢谢"是我们童年时期最先学习的技能之一——当有人对我们做出善意的举动,或者为我们花费心思时,我们用"谢谢"表达感激之情。你可能从早到晚都在不假思索地开口道谢——向同事、超市遇到的装袋员工、为你拉开大门的陌生人。然而在最亲密的关系中,我们却往往会忽视表达谢意的重要性。

我们的伴侣想知道我们对他满意;想知道我们能看见并且感谢他的努力,不在乎他有时并不完美;想知道我们并未将他的付出看作理所当然,或者干脆视而不见。对于戴维和乔尔,一句"谢谢"打碎了坚冰,开辟了一条向前的道路。梅丽莎和诺亚则发现,当一方建立起表达感谢的良性循环,另一方很容易就能加入并巩固它。

以下就是你今天的任务:

第一步：成为人类学家

在今天（或者明天，如果你是在晚上读到了这段话）余下的时间里，你的工作是"当间谍"。忘记你的待办事项，把工作搁置几个小时。如果请不了假，那就尽量挤出时间，保证当伴侣进行日常活动时，你能跟随在他身边。为了训练你的大脑完成任务，你必须——至少在短时间内，摒除一切令你分心的因素，专心观察。

今天，你要尽你所能，密切观察你的伴侣，跟在他后面，并将伴侣所做的一切都记录下来，尤其是正面行为！不要记录负面行为，比如没有按照你的要求整理报纸。你要关注的是他脚不沾地忙活了一上午，做了很多家务，洗了早餐的碗盘，接了很多电话，收拾了客厅里扔了一地的玩具，还在煮咖啡时顺手也给你倒了一杯。有些任务长期以来一直都归他管，数数他完成这些任务要花几个步骤，因为你可能并不了解这些事的烦琐程度。

举个例子，我们接待过的一对夫妇做了这个练习，当天扮演"人类学家"的那位丈夫了解到送儿子上学的步骤后大吃一惊——把他叫醒；给他穿衣服；劝他自己穿鞋；给他系鞋带；为他准备书包、午餐、烘热的短上衣和手套。他此前从未意识到这件事要耗费多少精力，如今他对妻子每天早上的辛勤工作产生了新的感谢之情。

你可以正大光明地做你的"间谍"工作——这可不是在演《碟中谍》。可以告诉你的伴侣，你观察他是为了更好地了解他怎样度过一天，了解他所做的一切。他不必因为你在观看就改变自己的日常习惯。如果是两人一起练习，还可以轮流进行——你来当一会观察者，然后再转换角色。留意那些日常生活中你因为时间安排不同或者跑神儿而难以察觉的东西。要像X射线一样事无巨细地观看伴侣所做的一切。观看的同时要跳过各种日常任务与杂务的表象，重点观察伴侣与孩子或其他人互动时显露的爱意。人生的待办事项无穷无尽，每天都在自动增加，总有事情等着你去做、去完善。你的伴侣有没有花时间和孩子们互动、给年迈的父母打电话、给同事提供支持、和朋友保持联系？请关注他对他人展示的善意、慷慨和鼓励，以及他培养感情的方式。这时间花得很值。

第二步：说"谢谢"

为一些日常琐事向伴侣道谢。如果你一直在仔细观察伴侣，就会得到许多道谢的机会。当他做了正确的事，你就向他道谢，哪怕这是一件他每天都做的小事——事实上，正因为这是每天都做的小事，你才更需要道谢！但不要只说一句"谢谢"。要告诉他，这件小事为什么对你意义重大。"谢谢你每天煮咖啡。醒来时能闻到咖啡的香气、听见你在厨房里发出叮叮当当的声音，我真的很开心。这样开始新的一天真是再好不过了。"

感激，既有益健康，又有益情感。通过一句"谢谢"，你开始养成（或继续巩固）表达谢意的习惯。这是爱情大师与寿星的顶级技能之一。

【疑难解答】

· 如果你时间紧张……

如果你没法翘班，甚或连几个小时都挤不出来，别担心——你还可以用其他方式搜集到伴侣的可靠资料。

转换角色。 如果平时都是你接送孩子，那今天就让你的伴侣去一次。如果平时都是伴侣做饭，那今晚由你来掌一次勺。你俩甚至可以列一张简表，将两人每天做的事写出来，再挑出几件进行角色互换。将自己放在对方的位置上，看看感觉如何。

在吃饭时观察对方。 在一天之中，饭点是个良好的接触机会，你们可以利用它来互相观察。留意对方在饭前、饭中、饭后的行为，不管是备菜、清理还是涉及房子、孩子、账单等杂务。约翰总能留意到朱莉在早饭后到工作前的时间里所做的一大堆事——他吃早饭时，朱莉扫地、浇花、喂鸟，一气呵成。繁忙的一天中，你俩共进的任何一顿饭都是集中注意力"侦查"伴侣的好时机。

• 如果难以消除负面思维……

回顾一下你的过去。当童年时代的监护人不靠谱时，人们有时会分不清监护人当年的做法和伴侣如今的所作所为。他们会无意识地将从前的感受强加在伴侣身上——就像父母或监护人的幻象阻碍在两人之间一样。

这种情况该如何处理？请将注意力放在此时此地，努力将过往人际关系中的负面情感剥离出去。当旧日阴影卷土重来，你受往事影响，想当然地对伴侣进行评判时，一定要意识到这样是不对的。我们曾提到，专注冥想是一种改变大脑的方式——它在这里也起作用。专注于特定的一刻、特定的某人，专注于你能明确观察到的结果。询问自己：是否早在这段感情开始之前,我的负面情绪就已经存在?负面情绪是在和谁相处时产生的?是什么引发了这些情绪?对这些负面想法与情绪进行分析、辨别、追溯,可以帮助你将其释放。

· 如果你已经学会关注正面因素,但你的伴侣还没学会……

请记住:关注正面因素时,你改变的是自己的精神世界与思考习惯,而不是你的伴侣,他们的想法与感受不在你的控制范围之内。但是改变自己看待世界的方式本身就拥有强大的力量。你打乱了负面思维的恶性循环,拒绝给它煽风点火,阻止它发展壮大,这非常重要。

· 如果你依然沉浸在大量消极情绪之中……

你可能患有抑郁症。抑郁症患者脑中会产生堆积如山的负面想法与情绪,不仅因为自己,也因为他人。对他们来说,要在周围环境和人群的情绪中抓住一丝积极的想法和感受是极其困难的。如果你或者伴侣确实难以找到正面视角,真正的阻碍可能就是抑郁症。

药物和有效的心理疗法可以缓解抑郁症。如果你认为抑郁症就是你情感中的"第三者",要及时向医生寻求专业建议，寻找接受过专门训练的精神科医生或者心理治疗师为你提供帮助。别担心，你不是一个人。

近期数据显示，至少9.5%的美国人经常性地产生某种程度的抑郁情绪[6]；在新冠疫情期间，这个数字飙升至32.8%[7]。无论如何，既然你正在受抑郁症困扰，有人能提供很好的帮助，为什么还要继续受罪呢？专业援助对你和你的情感关系都有益处。伸手求援吧，你不会后悔的。

DAY 4

第 4 天

GIVE A REAL COMPLIMENT

回想
你们为何相爱

℞

今日练习 | 衷心赞美你的伴侣

积极欣赏你的另一半吧——

这份欣赏会变成救生筏中的空气,

哪怕风高浪急,

也能帮你浮在水面之上。

第4天 | 回想你们为何相爱

莫莉和卡罗琳相识在大山深处。当时她们刚刚大学毕业，风华正茂，满怀冒险精神。两人都曾申请加入美国志愿服务组织，最终被分到林业局的同一个护路小队工作。她们徒步进入华盛顿州的北瀑布国家森林公园，背着沉重的工具清理倾倒的树木，疏通森林小径，天气晴朗时甚至会在星空下过夜。某一天在小径上并肩工作时，莫莉和卡罗琳交谈起来。这天的工作任务很重，但她们聊着共同喜欢的电影、都去过的景点、都想去的地方，追忆过往，畅想未来，漫长的时间不知不觉就过去了。起初只是轻松的闲聊，后来这场交谈却迅速深入了双方的心灵。

快进到10年之后：莫莉和卡罗琳结婚了。她们不再在深山里工作，登山靴和链锯也被束之高阁——她们走上了环境保护的职业之路。这份工作收入不高，还可能遇到灾难性的挫折，但两人都乐在其中。几年前，经过努力，她们在西雅图北部买了一座可爱的工匠风小房子，坐落在一个适合步行的社区，离市中心很近，可以骑车通勤。小房子离大山也很近，周末可以来一场说走就走的远足。她们用杉木板做成苗圃，用很少的投入就把屋前那一小块草坪打造成了一座小花园。但西雅图的消费水平变得越来越高，她们感到了沉重的经济压力。从前，她们畅想着到处游山玩水，现在这个愿望却成了奢望——事实上，她们根本没什么旅游的机会。她们一直在讨论要孩子的事，但随之而来的费用高得吓人。莫莉觉得应该离开这个城市，搬到花费更少、更偏僻一些的地方，她们可以找到新工作，踏上全新的冒险之路！但卡罗琳喜欢她们的房子、她们的花园、她们的生活。她希望保持现状。

我们最初接待她们时，两人正困在充斥着不满与抵触的恶性循环中无法脱身，并蹲守在各自的私人领地，还将所见所闻都曲解为对自己需求与渴望的攻击。她们陷入了草木皆兵的状态。无论是谁挑起话题或是讨论，最后都无可避免地迅速发展成一场小型战争。在一次咨询中，莫莉提出想要孩子，卡罗琳立即紧张起来。

"我觉得你就是沉不住气，"她说，"你总是迫不及待地想跳到下一步。为什么就不能安于现状呢？为什么我们现在拥有的东西就满足不了你呢？"

"我们讨论过很多次了，卡罗琳。我们以前一直在说，等时机合适了就要孩子。我们就快错过机会了。你不能做什么事都磨磨蹭蹭，还指望我能一直等你。"

她们开始互相指责，而这样的指责是很伤感情的——会像铁锈腐蚀金属一样，在深情厚谊上蛀出洞来。但她们来我们这儿是有原因的：她们想保住这段感情，她们想要找到向前的道路。她们的爱情始于并肩开辟的林间道路，如今她们却连一条羊肠小道都掘不出来。

我们问了一个问题，它对任何情感关系来说都是最显而易见的试金石：你们是怎么认识的？

她们从各自的角度讲述了初遇的故事，这段记忆在她们的脑海中依然鲜明。她们告诉我们，在硬邦邦的岩地上过夜时，她们会从自己的睡袋里伸出手来，在黑暗中悄悄握住对方的手。哪怕正处于争执之中，她们也能轻易地答出这个问题："你为什么会爱上她？"

卡罗琳说："她真的很勇敢，乐于冒险。她总是走

077

在团队的最前面,领着我们走向下一项工作,解决最艰难的任务。她好像对任何挑战都无所畏惧。"

莫莉说:"我说话时,她会认真倾听。她真的非常体贴周到。她总是很耐心、很稳重,和她相处就像结束海上航行,踩在陆地上一样踏实。"

显然,她们身上存在着令彼此衷心钦佩赞赏的特质,即使在矛盾冲突中也是如此。而且她们不吝将这份喜爱与赞美之情表达出来——随时都能脱口而出。近在眼前的重大抉择给她们带来了严峻挑战,但我们知道她们最终会渡过难关。

这不止是一种直觉。我们在情感实验室采集了3000对伴侣的数据,有些伴侣我们已经跟踪观察20年之久。数据显示,相处愉快的伴侣能轻易列举出对方令自己喜爱并欣赏的特质。他们对两人共同的过去记忆犹新。描述和伴侣的往事时,他们的叙述带着强烈的积极色彩——着重讲述美好的时光,强调阳光积极的一面[1]。

任何情感关系都会产生矛盾,哪怕情谊再坚固、关系再亲密,这都是无法避免的。现在我们知道,伴侣们面对的大部分问题都是永久性的——它们无法解决、无法修复。但每天花点时间来留意你选择的那个人,留意他令你欣赏的特质并牢记在心,然后用它们来抵御生活的霜刀雪剑，长此以往，你就是情感关系中的成功者。对伴侣的欣赏并不是从天而降的，它需要你主动去做。积极欣赏你的另一半吧，不仅要欣赏他的所作所为，也要欣赏这个人本身，这份欣赏犹如救生筏里的空气，哪怕风高浪急，也能帮你浮在水面之上。

为何会爱上他？

回顾你们最初的时光，不管那是几个月、几年还是几十年前。你们何时初次见面？你何时产生了想对他多了解一些的念头？你们何时决定长久相伴、共度余生？最初是他的哪些特质吸引了你？哪些特质令你心动不已？是什么令你欣赏他？当你想象与他共同生活，他的哪一点最令你珍惜？他在你心中扮演着怎样的角色？

多年来，我们听过的初遇故事足以写出一本书——

她的笑声从房间那头传来，穿透了聚会上的喧闹人群——她的喜悦极具感染力。

看见他和孩子们说话的样子，我就知道，我愿意和他一起当爸爸妈妈——那时候我们还没孩子呢。

她如此真实又无畏地展现自己的个性。显然她不在乎别人怎么看她。

和他聊天太有趣了。我们第一次约会时聊得太久了，人家只好把我们从餐厅赶出来。

现在，如果我们请同一批人谈谈伴侣的缺点，他们肯定能扯出一大堆牢骚（事实上，以上许多评价都来自像莫莉和卡罗琳这样遭遇情感危机、不得不求助于我们的人）。完美无缺的人并不存在，每个人都有自己的独到之处，以及……好吧，没那么优秀的地方。正因为如此，我们才是真实的人。说实话，也正因为如此才显得可爱——**我们爱对方正是因为对方身上独一无二的特点，少了这些特点就少了相爱的理由。**但当两人一起生活，一起抚养孩子，甚至可能一起工作（就像作者夫妇，已经当了 33 年同事啦！），并努力不被生活中的一地鸡毛打败时，牢记当初相爱的原因可能有些困难。这样一来，某人常常忘记把衣服丢进烘干机导致衣物发霉，或者对年久失修的浴室视若无睹，就开始显得没那么可爱了。

上一章中我们提到，戴着负面滤镜审视彼此时，人们会挑出许多错误来批评对方。这种负面视角不会因为伴侣做对或做错某事而消失，它会影响你对伴侣本人的看法。他从来不清理汽车代表他懒惰又马虎；她不想和我母亲见面代表她孤僻又挑剔。这种看待另一半的方式给了感情杀手"婚姻末日四骑士"(指责、蔑视、抵触和回避)极大的可乘之机,其中蔑视可能是杀伤力最大的一个。蔑视来自对伴侣的负面看法和批评模式,对情感关系而言,它是致命的毒液,也是离婚的第一信号[2]。它会对伴侣双方的精神健康造成不良影响[3],还能字面意义上让你生病——研究发现,听到伴侣轻蔑评价的人在未来一年中着凉、感冒或患其他感染性疾病的概率会大大增加[4]。

好消息是,你手里有解药。你可以控制自己对伴侣的看法,这控制力比你想象的还要强大,甚至在困境、压力、挫折、争执或断联期间也是如此。和上一章中讲述的寻找正面因素、忽略负面因素一样,这是一种通过每天从微处坚持练习就能培养的思维习惯。

爱情大师们的缺点不比你少。他们的人生旅途中同样会遇到矛盾或挑战,他们也会厌烦伴侣嚼东西的模样,也会因为伴侣不善理财而沮丧。他们和你一样浑身缺点与瑕疵。但他们有一个高明之处——能看见伴侣内在的美好品质。他们极其擅长将对另一半的赞赏放在内心世界的最外层,将其变成坚不可摧的盔甲,有效抵御那些破坏感情的因素。

爱情方程式：成就你还是摧毁你？

情感实验室统计出了一个人人都该了解的比例：5:1。如果想长期保持爱情的活力，在矛盾冲突中，正面互动与负面互动的比例必须达到5:1。即每发生1次负面互动，你需要5次正面互动才能弥补。

这个比例是我们在情感实验室的第一次大型纵向研究中发现的：一对伴侣进来，我们请他们坐下，给他们营造舒适的环境，然后给他们15分钟时间来解决一个分歧，同时我们在旁观看，不予插手。稍后，我们仔细研究他们的录像和录音并记录每一个小动作，将微笑、开玩笑、轻触对方的手、表达理解与兴趣、说"我懂"、点头、表达友善通通归为"正面行为"。口出恶言、抬高嗓音、不耐烦、挑错、责备、表现冷漠，这些则是"负面行为"。

我们观察伴侣、记录数据，再将他们"放归野外"。6年后，我们进行了跟踪调查。看看结果：那些仍然一起幸福生活、仍能感受彼此爱意的伴侣，都是在实验中保持至少5:1比例（或更高）的[5]。

矛盾中的负面行为是难以避免的，这些伴侣也并非完美无缺。没关系——大家都是凡人，每个人都会犯错,都会把怨气发泄在最亲近的人身上。你可能会做出不公正的事;你可能会失去判断力;你可能会一时情绪失控;你可能会违背本心说出伤人的话,或者说出令自己后悔的话。你不必变得无喜无悲或者彬彬有礼,也不必回避不愉快的交谈,但一定要关注自己的"正面行为",确保其足够多。负面行为可能会成为烈性毒药,它带来的损伤和痛苦会比正面行为带来的治愈与亲密更深。正因如此,身处矛盾中的人们才需要5倍的正面行为来抵消负面行为。但你要知道:你能打赢和负面行为的这场恶仗。你可以用正面行为装满你的"杯子",这样哪怕其中有一滴负面行为,也会被稀释掉。它的毒性就荡然无存了。

现在,请注意这条重要警告:我们一直在说矛盾之中正面互动与负面互动的最小比例。那其他时间呢?

比例飙升到……20∶1。

在日常生活中,你和伴侣处理各种事务时——做饭、商讨杂务、带孩子、闲聊自己的一天,你需要至少20次正面互动才能抵消1次负面互动。爱情大师们能保持20∶1的比例,甚至更高。而以离婚或不幸婚姻告终的夫妇则显示出一个严重倾斜的比例,其中负面互动行为的占比明显上升[6]。

这是怎么回事呢？这是因为人们常常忽略自己的负面行为对伴侣造成的影响。

意图与效果相符吗？

为了对比爱侣与怨侣的行为模式，我们最先用来分析伴侣互动的一个方法是一种叫作"谈话桌"的设备。约翰和罗伯特·利文森（约翰的第一位研究搭档）早年间制造了它，这是一种用于探寻人类情感生活的数学模型，当时我们在西雅图的情感实验室尚未建立。它看起来像一张外形古怪的桌子，两侧是倾斜的，每一侧都有按钮，仿佛你和伴侣要用它玩一场电子游戏。如果你与伴侣作为实验参与者来到我们最初的实验室，就会体验到这样的实验流程：两人分别坐在桌子两侧，然后我们来和你们谈话。我们会问类似这样的问题：什么是你们一直未能解决的最大分歧？我们会鼓励你们来解决它并在一旁观看。

你们将和对方独处，但我们会在相邻的房间里观察——摄像机会近距离拍下你们每一个稍纵即逝的面部表情，我们则在分屏电视上观看。

你们每人面前都有两排按钮：一排表示意图，另一排表示效果。每排有五个按钮，按从正面到负面的顺序排列，中间的按钮代表"中性"。你可以把它想象成网上购物的满意度调查表。按钮上标着"极差""极好"和三个中间选项。你们轮流说话，当你这一边的灯光亮起时，就轮到你开口；说完后就按一下开关，请对方发言。每进行一次轮换，你们都会把对这一小段对话的感受记录下来。你打算通过话语向伴侣传达怎样的意图，就按下相应的意图按钮。同时，你的伴侣会根据你的这番话给他带来的感受，按下相应的效果按钮。我们想知道：话语造成的影响是否与说话人的本意一致？

招收实验者时，我们希望能在关系融洽与关系恶劣的伴侣之间得到鲜明的对比数据。我们希望能对美好的情感关系有所了解，想知道它们与众不同的原因所在。因此我们在两种截然相反的伴侣中进行了采样：要么恩爱有加，要么相看两厌。这样一来，少了中间情况的干扰，数据就不会模糊不清了。

我们在寻找一些答案：在意图与效果之间，是否存在不对等的情况？伴侣在彼此身上造成的影响，是否与他们原本的意图相符？

研究结果是：意图的影响力为零！哪怕行为上表现出愤怒或敌意，意图本身也常是好的。意图无关紧要，

效果才是一切。冤侣和爱侣间的区别归根结底也只有一个：爱侣间交流的态度更友好——他们对待彼此更加温和，没有指责、轻蔑或嘲讽。这是一种量效关系，彼此间越是宽容体贴，相处就越令人满意。

当然，长期恩爱有加的伴侣并不只有一种模样。托尔斯泰曾写过："幸福的家庭都是相似的，不幸的家庭各有各的不幸。"遗憾的是，托尔斯泰的这句话缺乏科学上的正确性。有些恩爱的伴侣非常情绪化，有些则波澜不惊；有些人情感丰富，甚至到了喜怒无常的地步；有些伴侣则一副严肃的扑克脸，犹如那幅著名的《美国哥特式》*。唯一固定不变的只有正面互动与负面互动的比例。恩爱伴侣的态度更加积极，共情能力更强。这里再强调一次，每个人都是抱着正面意图与伴侣交流——但对幸福伴侣而言，他们的意图和效果是相符的[7]。

我们又进行了一次研究，这次选择了不同的实验对象：第一次我们选取大学生与研究生作为研究对象，在第二次研究中，我们走进了北印第安纳州的一处乡村。即使如此，研究结果还是相差无几——误差幅度只限

---

* 《美国哥特式》是格兰特·伍德的绘画作品，画面上有严肃的一男一女。——编者注

于小数点后两位[8]。如此稳定的实验结果令人震惊。借助这些研究结果,我们也拥有了观察伴侣并预测他们未来能否相爱相守的能力。

现在我们已经知道了必须满足这一正面互动的特定条件,也知道了正面意图并不总能带来正面结果。所以,我们该怎么做呢?

培养包容之心

上一章我们谈到,如果你只能看见对方的错误、缺陷和不足,将会造成怎样的伤害。现在,审视一下你的负面滤镜,想想自己是否经常将它用在伴侣身上——不止因为他做了什么(或没做什么),也因为他这个人本身。

昨天的练习我们讨论的重点是心怀感激,并为伴侣的具体行为道谢。今天我们要谈的是欣赏。

欣赏即从本质上钦佩并重视你的伴侣,不一定与他的行为有关。当然,他可能会通过行为展示自己是怎样的人,但欣赏要回溯到他的人格和内在品质——从表面(他迷人的眼睛)直到心灵深处(他灵性十足、乐观开朗、充满爱心)。

我们想要指出至关重要的一点：这并不是"情人眼里出西施"。这句话人皆尽知，但我们从不说这句话。它暗示着一种虚假的、具有欺骗性的积极态度，我们这里想说的是另一种截然不同的东西。

我们想说的是，你应该对你的伴侣进行全面了解：既要珍爱他的可贵之处，也要包容他的持久性易伤点。"持久性易伤点"由加利福尼亚大学洛杉矶分校的心理学学者、研究员托马斯·布拉德伯里创造，用于描述人的特定敏感地带，它们在人生经历的长期影响下逐渐形成，可以追溯到童年时代。人身上的某些特质可能会消磨伴侣对他的爱意（例如不安全感、恐惧、易怒或对需要关注的事物漠不关心），持久性易伤点通常就是这些特质的症结所在。但只要理解它们的根源，伴侣们的生活就会融洽很多。

本书的两位作者刚刚结婚时，曾经有过一次看似莫名其妙的争吵。某天约翰开车回家时，突然想到一件令他担心的事：我们给水暖工付过钱了吗？他非常注重及时给工匠付款——他知道人们都得靠收入维持生活，所以想确认水暖工确实收到钱了。朱莉可能已经把支票寄出去了吧。他走进家门，放好外套和包，然后问："你给水暖工付过钱了吗？"

朱莉脸上的怒色让他惊呆了。"你给他付钱了吗？"她气冲冲地离开了房间。

约翰迷惑不解。他还记得自己当时的想法：我是不是娶了个疯子？为这么一句话大动肝火，乍一看真是不可理喻。他们结婚时间不长，但有一点他是确定的，那就是不要自己生闷气，而是找她谈谈。谈话中，朱莉提到自己小时候放学回家，母亲总是在问候之前先挑她的毛病："你就穿这东西去上学？""你的钱包呢？又忘了吧！"

朱莉告诉约翰："我们一整天没见面了，你至少应该先打个招呼，好好聊几句，或者问问我今天过得怎么样，这对我来说很重要。"一旦他理解问题根源所在，就很容易解决了。如今，如果约翰在分别后再次见到朱莉，就会第一时间表明自己真的很高兴见到她——很高兴身边有她。

欣赏和感谢伴侣并不只意味着发现他的优点（那也是很好的，我们很快就会在练习中提到），还意味着理解他难以摆脱的缺陷。观察幸福快乐、生机勃勃的伴侣时，我们发现这些伴侣能够真诚地欣赏对方的优秀品质，而当伴侣难免出现一些不那么美好的品质时，他们也能够包容对方的持久性易伤点。

一些人的内心在遭遇苦痛后变得怯懦又脆弱，因此有时和他们共同生活会有些困难。但作为有着此类背景故事之人的伴侣，我们应该记住，我们所爱的他是一位幸存者。在人生的某个阶段，他曾鼓起十足的勇气才得以继续前行。可能有时他表现得急躁、焦虑或者胆怯，但他曾经受过苦难，这苦难在他身上留下了伤痕。

今天以及今后的每一天，当你注视自己的伴侣时，你可以只盯着他的缺点，也可以关注他身上美好的、迷人的、令你无法割舍的品质。这是一个选择。你要主动煽起长久爱情的火焰。只要点过火，你就能确切地理解我们的意思——和火一样，情感关系也需要维持。不能把它丢在一旁不管不顾，还指望它能一直熊熊燃烧。你要照料它，给它添柴，帮它鼓风。

这就是欣赏的本质——一种主动行为。我们要提醒自己去欣赏伴侣，这并不会使欣赏变得廉价，或者减少其中的真诚。这就是爱情大师的做法。要使爱情之火长燃不衰，我们应该选择首先看到伴侣最美好的品质，而不是最糟糕的。

如果你的情感关系中缺乏主动的欣赏，有一条策略可以帮你解决问题。让我们回到本章开头提出的那个问题：你为什么会爱上他？

仔细思考这个问题，你会转换思维，得到全新的角度。回顾你们共同经历的往事，寻找有趣的记忆、冒险的记忆、心心相印的记忆、激情四射的记忆——这样做可以重新激活你与生俱来的能力，使你能够看见这段感情中的所有美好之处，而不是无视它们，任它们被掩埋在无数琐事堆积而成的日常生活之下。

但请注意一点：如果不能时时回顾，当你再去寻找记忆的时候，记忆可能早已消散。

当事态往糟糕的方向发展，伴侣间不再彼此欣赏，相爱的原因也被遗忘；当你开始用负面视角看待伴侣，连回忆都会被腐蚀，就像会让电脑宕机的病毒。你对伴侣产生了蔑视，这是摧毁感情关系的因素之一。它会侵蚀情感关系的"基础代码"。在一些（很不幸）已经无法挽回的情感关系中，我们发现伴侣们哪怕回顾过去，也想不起当初爱上对方、欣赏对方的原因了。

正因为如此，我们才将"多在小事上下功夫"作为爱情的处方——时时提醒自己去想爱上伴侣、欣赏伴侣的具体原因，这个日常小习惯会给你很大的助益，帮你获得绵延一生的深厚爱情。

欣赏的部分本质就是珍惜你和另一半共度的时光，在脑海中放大他的优点，弱化他的不足之处。这件事你在任何时候都可以做，哪怕只做几分钟也行。仔细考虑你珍惜伴侣的哪些特质，为何他在这星球上无可取代，这样的思考会给你带来难以想象的正面影响。如果将思考结果分享给伴侣，正面影响的效果还能翻倍。

欣赏伴侣的能力就像情感的防弹衣。蔑视是具有腐蚀性的毒药，只要它渗入两人之间，就会像金属生锈一般，迅速将婚姻或恋情中的一切美好之物蚀空，哪怕你们的情感之前再深厚、再稳固，也难以抵御它的破坏。欣赏则是强效杀虫剂，能确保蔑视永远无机可乘。

正面视角：最强效的解毒剂

这是可量化的：在日常生活中，你和伴侣间的负能量需要 20 倍的正能量来抵消。有一个能创造正能量的神奇窍门，那就是欣赏你的伴侣，并将这份欣赏宣之于口。在奔波忙碌之中，你可能会忽略生活中真正的宝物——所以花上片刻时间注视一下你正与之共度人生的那个人吧，你会想起"是呀，她每天回家时叽叽喳喳和我聊工作的样子，我真是太喜欢了"。别让这些想法和感受溜走，要将它们与你的伴侣分享。将它们牢牢抓住，捧到伴侣面前，就像送一份小礼物。这对你来说也同样是一份礼物。

关爱、尊重与情谊和其他许多要素（从充满激情的性生活，到顺利解决棘手经济问题的能力）一样，是婚姻和任何长期关系的基石。但它们不是天下掉下来的馅饼。它们需要你去计划，去行动，去选择。

日复一日，你选择从微处积累，一点点填满你的情感银行。你挤出时间来沟通，你保持着对伴侣的好奇心：她还有什么是我不知道的？他怎样度过一天？你一直留意对方的沟通邀请并尽力响应，因为现在你已经知道，哪怕是最短暂的交流——一次微笑、一个鼓励、一句询问，都能代表"我在听，我在乎你说的话"。这都是情感银行中的财富。你控制住自己疯狂的大脑，让它寻找正能量，忽略负能量。你给自己的神经元重新编程，让它关注伴侣的优点而非缺点，这样能从上到下改变你的大脑、身体、情感关系和人生体验。你把对伴侣的喜爱与欣赏做成盾牌保护自己的心灵，并将此作为第一要务。你爱他、欣赏他，不仅是因为他为你做了什么，更因为他这个人本身。

今日练习

衷心赞美你的伴侣

你和伴侣可能本来就有积极赞美对方的习惯，也可能你们正迫切需要修复关系。无论是哪种情况，今天的行动都至关重要。如果这本来就是你的拿手好戏，太棒了，继续保持。

对于一些伴侣来说（如果你也是这种情况，请记住，你并非个例），喜爱与欣赏似乎已经成了遥远的回忆。但它们并没有消失，依然在等待着被你唤醒。唤醒欣赏之情并不复杂。你和这个人坠入爱河，与他结下一生之盟，你翻开这本书，正是因为你渴望将这份爱延续下去。你的心中还有积极的感受，多想想它们、谈谈它们，这样就能将它们带回到你的生活之中，比你想象得更快、更鲜活。植物枯萎时，常常只需要洒一些水，它们就能重新向着太阳挺起枝叶。一点点付出足够支撑很久了。

今天的练习分为三个部分：

第一步：如果要用关键词给伴侣画一张像，你会选择哪些关键词呢？在以下选项中圈出 3~5 个。

温暖 / 风趣 / 大方 / 淡定 / 有创意 / 热情 / 专注 / 活泼 / 周到 / 自然 / 大胆 / 爱玩 / 调皮 / 精明 / 敏锐 / 有教养 / 性感 / 聪慧 / 有才 / 慈爱 / 能干 / 明智 / 有爱心 / 体贴 / 有魅力 / 踏实 / 灵活 / 热心 / 好奇 / 有趣 / 和善 / 勇敢 / 开朗 / 随和 / 敏感

第二步：只要两人在一起，就留意观察上面圈出的特质是怎样在伴侣身上体现出来的。

像昨天一样，与伴侣共处时，要仔细观察他。当他表现出你喜爱并欣赏的特质时，要加以留意。然后——

第三步：说出来！

你是否经常告诉伴侣，你最喜欢、欣赏他的哪些特点呢？要多说，因为每一次都能起到重要作用哦！

【疑难解答】

· 今天没空来互相观察?

看一看上面你圈出的关键词,再回想一下伴侣何时表现过这些特质。可能是昨天,也可能是 10 年前;可能是大事(那年你为了支持我追求梦想,和我搬迁到要跨越大半个国家的地方),也可能是小事(昨天你穿那条牛仔裤真的很性感)。试着为每个关键词都找到具体事例,找到之后,再将收获分享给对方。当伴侣说出他在你身上留意并欣赏到了什么,你可能会大吃一惊,反过来也一样。

· 感到不好意思或者犹豫不决?

写下来! 完成以上任务,然后像写日记一样将它们写出来。将它们写成一封信,收信人就是你的伴侣。写完后,把它读给伴侣听——大声点读! 我们在伴侣讲习班上组织这个活动时,房间里的氛围发生了令人惊叹的变化。这是一种难以抗拒的力量。大家有的莞尔微笑,有的放声大笑。有些刚来时还显得犹豫或拘谨的人,这时也放松并活跃起来。伴侣间的肢体语言明显改变了。哪怕在先前还满怀悲伤或者忧虑的人身上,我们也能看见有什么东西重新闪现:爱情的火花。

DAY 5 　　　　　　　　　　第 5 天

ASK FOR WHAT YOU NEED　说出你想要的，
　　　　　　　　　　　　让事情简单一些！

℞

今日练习 | 提出你的需求

我们总会转弯抹角地暗示,

希望和另一半心有灵犀,

希望不必暴露内心就能如愿以偿。

第 5 天　**说出你想要的，让事情简单一些！**

　　杰克心情沮丧。他和伴侣米莉亚姆已经好几周没坐在一起吃晚饭了。今天也是一样，已经很晚了，米莉亚姆却还在工作。如同此前的很多个夜晚一样，她发来短信说晚上不回来吃饭了。"你自己吃饭吧，亲爱的。"她发送道，"我今天要在工作室忙到很晚！"

　　他能理解。至少之前是能理解的，但最近不行了。米莉亚姆是一位从事混合媒体雕塑的艺术家，刚得到一个绝佳的机会：她任教的大学要举办艺术展。为了好好准备这次展览，米莉亚姆一直埋头苦干，但艺术展要几个月后才举办呢。同时，杰克自己也有许多事要忙。多年来，他一直在一家公司当法务顾问，忙得挤不出哪怕一分钟空闲。现在，他走出舒适圈，成立了自己的公司。他喜欢这种独立自主的感觉。要做的事还有很多，如今一切都需要他亲自上手，但他也得以重新支配自己的时间。天气晴好时，只要他愿意，就能骑车出门晃一圈，晚上再把工作补上。这样很不错。但最近他感觉很孤单——不管什么时候给自己放假，米莉亚姆都不在身边。这些年来，他没日没夜地工作，吃尽了苦头，而她一直坚定地支持他。如今她的职业生涯到了紧要关头，他也想给予她同样的支持。但仅仅过去一周，她就拒绝了几次和他共度时光的要求，他感觉自己落到了她任务清单的最末位。两人都很要强，彼此鼓励着努力工作，在一方需要大干一场时，另一方总会充分理解、及时调适，他们也一直为此而自豪。但是之前，他能感觉到二人的感情依然处于首要位置，现在这种感觉却消失了。也许他在她心中的地位并没有自己想象中高。也许如今她在专业领域一路高升，婚姻对她而言已不是必需品。

米莉亚姆终于到家时，杰克的情绪已经紧绷到了极点。"知道吗？你今天本来可以早一小时回家的，"他说，"我真的很期待和你一起吃晚饭。我出去买了你最喜欢的东西——蒸蛤。"

"真的吗？"米莉亚姆很惊讶，"我都不知道。最近不都在吃外卖吗？因为我们俩都太忙了。"

"我昨天问过你,想不想回来吃晚饭,你说想!"

"什么?我当然想啦!我本来觉得如果今天下午下课后进度够快,就能回家吃饭。但最近实在是没时间,杰克。开展会要做的事太多了,我根本没准备好。我以为你能理解。我以为我们的意见是一致的。"

"好吧,我知道。我能明白。我只是以为,整整一个月里我只邀请你和我吃这么一次晚饭,你是能挤出来时间的。如果你还重视我们的感情的话。"

"我当然重视了!你到底是怎么回事啊?"

暂停。问题出在哪里?让我们来给这次争吵做个X光检查吧。米莉亚姆认为他们都处于"只工作不玩耍"的阶段,而且两人对此是"意见一致"的。杰克认为他邀请米莉亚姆共进晚餐,而她放了自己鸽子。如果我们倒带回到前一天,就会看见这样一幕:米莉亚姆正在收拾东西,准备迎接漫长的一天,而杰克谈着他新开的法律事务所"杰克和米莉亚姆的客厅"(他还在给新公司想各种名字)的现状——事情很顺利,但他也很想念两人从前完成繁重工作后,在市里不同的餐厅碰面的时光。以这种方式结束一天真是太美妙了——走进熙熙攘攘的酒吧,看见她面前放着两杯酒,坐在那里等他,他真的感觉所有烦恼都留在办公室里了。

"要是能再这样来一次多好。"他说。

"是啊。"米莉亚姆回答。

"也许我们明天晚上能安排一下,"杰克说,"我们就在家吃饭吧,我来下厨!"

"好啊,或许吧!"米莉亚姆回答,"待会给我发短信吧,我得赶紧走了。"她吻了他一下,走出门去。

在这次互动中,杰克和米莉亚姆完全是各说各话。他们几乎就像在使用两种不同的语言——两人都认为能听懂对方的话,却忽略了对方真正的意图。杰克相信自己已经表达得很清楚:他想念在生活改变之前共进晚餐的时光,那段只属于他们两人的时光对他来说无比珍贵。他需要它,没有了它,他就感觉两人之间产生了隔阂。他知道她的工作很重要(他的工作也一样!),而且两人都比之前更加忙碌,但他觉得两人就像在激流中越漂越远的两条船,只有她专门为他留出一小时共处时间才能消除这种感觉。嗨,也许共处一小时对两人都有好处,哪怕需要牺牲一些工作时间。一直以来,谈论两人热爱的事业不仅能使彼此间的关系更加亲密,也能为他们的追求提供精神支持。

问题是,杰克始终没有明确地提出要求。

你的伴侣不会读心术,这点大家都很清楚。然而据我们观察，很多人都认为伴侣就应该是自己肚里的蛔虫。人们希望伴侣从微小的暗示与信号中领会他们的需求与渴望——或者仅仅知道也行。杰克给出无数暗示，想告诉米莉亚姆自己是多么急迫地想与她共处，但他真正提出要求时却欠缺考虑，显得非常随便。"也许我们明天晚上能安排一下。"然后他听见了她说"好啊"，却忽略了"或许吧"。

米莉亚姆并未意识到杰克向她提出了什么要求，所以她没能满足杰克的愿望。她未能按时回家，于是他感到受伤、被忽视，因此怒气冲冲。他能想出的唯一解释是：在她心中工作远比自己重要。当他因为米莉亚姆未能回家吃饭而生气时，米莉亚姆则是既惊讶又恼火。毕竟，她没有做出任何保证，她只说了"或许吧"。如果他提出需求时能更明确一些，她可能也会给出更明确的回应。

当你为伴侣没做某事而憋了一肚子火时，就埋下了怨气的种子，它会像野草一样蔓延。怨气一旦爆发开来就很难消散——想根除它比一开始就防范它要难上许多。但无论根除还是防范，方法都是一样的：你必须告诉伴侣你需要什么、渴求什么。然而，表达需求有时也没那么轻松。

难在何处？

我们从小就被灌输：有需求是不好的，是软弱的体现。受社会制约，人们不能承认自己有需求，哪怕承认了，也不能宣之于口。女性受的教育是：别太依赖别人；男性受的教育是：要坚韧强悍，无欲无求。这两种文化信息根植于人们被灌输的各种观念：怎样才算有魅力？怎样才能得到认同？什么是女人味？什么是男子气？身为男性/女性，到底应该体现出怎样的特质？

尽管人们会强烈抵制这些刻板印象，但哪怕在今天，它们也在持续施加着强烈的影响。置身于这样一个大染缸中，无论怎样想方设法地隔绝，都会多少吸收一些它所传递的信息。女性被培育为"养育者"来满足他人的需求，但她们自己的需求怎么办？男性被培育为"供应者"，要成为不需要帮助的强者，但他们自己的脆弱怎么办？

无论男女，许多人在幼年时期的需求或要求一旦遭到忽略，就会深植下一个观念，即需求是无关紧要、不合理的。于是他们带着这些深埋于心的需求与渴望行走在人生之路上，无法将其表达出来，只好拼命压抑。问题是，不管把它们压得多深，它们还是能千方百计地探出毛茸茸的小脑袋。它们会塑造情感、约束思维，它们会潜移默化地影响人的行为。当未满足的需求变得过于强烈，再也压抑不住时，就会爆发成怒火与争吵——正如我们所见的杰克与米莉亚姆的情况。

许多人没有正视自己的需求，而是小心翼翼地绕道而行，因为这样更有安全感。暴露脆弱之处会令他们无比焦虑，哪怕面对伴侣也是如此。这种感觉令人恐惧。如果向某人提出要求，就会有一定的概率遭到拒绝。每个人都在人生中的某个时刻被拒绝过，这是相当难受的。说出自己需要什么、想要什么，却被人一口回绝，可能会令人感到痛苦、羞耻。因此，人们会不惜一切代价来避免被拒绝，甚至不愿向伴侣直接提出最简单的要求：如果你今晚能和我一起吃饭，我会很高兴；我真的很想和你一起待会儿，哪怕一小时也行；你能挤出时间吗？他们更喜欢转弯抹角地暗示，希望奇迹出现，希望伴侣心有灵犀地感应到他们的渴望，希望不必暴露内心就能如愿以偿。

当幼年时期的需求遭到忽略时，我们会形成以下两种观念：我不配被满足任何需求；需求是弱点，是不好的。我们必须矫正并扭转这个观念。每个人都配得上提出要求，并得到我们需要的东西。需求不是软弱的标志。需求是正常的、健康的、充满人性的，就和呼吸一样自然。它们就像氧气。生理与情感需求和食物、水、空气一样，都是生命中最基本的东西。欲望也一样！人们在给需求归类时常常过于死板。你可能会问自己，这是欲望还是需求？回答是：都一样！有一个误解就是欲望不像需求那么正当。人们深植于心的观念是：欲望代表着贪婪或者自私。这是不正确的。欲望和需求间的区别非常微妙，如同光谱上的颜色，存在着几乎无限的可能性——从黄到红到蓝再到紫，从最迫切的需求到最深沉的渴望。它们都是正当的，而且你要把它们表达出来——尤其是对你的伴侣。

说出自己想要什么、需要什么，是再正常不过的事。事实上，不仅正常，而且必不可少。

错在哪里？

在痛苦的情感关系中会反反复复发生这样的情况：双方都有需求，都有渴望，但就是不说出来。他们暗示，他们转弯抹角，他们安全地躲在阴影里，他们希望伴侣能"猜到"。他们告诉自己，不用开口，伴侣也应该能看出他们的需求（"很明显！这不是常识吗！"），并对此信以为真。然后,当伴侣没能奇迹般地满足这些需求时,他们就会生气,开始认为伴侣不在意他们,觉得伴侣只想着自己,忙得顾不上他们,或者不再像以前那样珍视这份感情。于是他们便对伴侣横加指责。

"你总是……""你从不……"

这些言语如同红色警告,提醒我们这对伴侣正处于摇摇欲坠的危险境地:负面视角可能已经启动,他们开始搜寻对方的错误,同时无法留意对方的优点。最终结果就是批判,他们将矛头指向对方的基本人格,而不是对事不对人。"希望你别把袜子扔在客厅地板上"成了"你真是个懒骨头,你总是把东西满屋子乱扔,你从来不帮我打扫卫生"。虽然后两句里没有直接指责,但"总是"和"从不"这些字眼本身就是责备,因为它们暗示着对方人格上的缺点。毕竟,如果你"总是"做错,"从不"做对,那你本人肯定有些问题,是不是?

当人们终于能够正视自己的需求时,为了将其正当化,常常会做出一个挑刺的动作——伴侣没为自己做某事,或者他缺乏某个特质。我们所受的教育是"禁止需求",因此很难抗拒将需求正当化的冲动。"因为你在节食,害得我没法吃最喜欢的东西,所以今晚我要出去吃!"这句话成了对另一半的指责("因为你在节食"),而这位伴侣本来可以只说一句"我今晚想出去吃。我累坏了,想犒劳自己一下"。

当人不愿表明自己的需求,而是任由怨气与不满在心中堆积,到了某个时刻,洪水就会决堤。负面情绪的蓄水池越注越满,以至最终一个小小的冲击都能引发山崩地裂的大灾难。一点鸡毛蒜皮的小事也能成为导火索,微不足道的分歧会突然演化成"第三次世界大战"。我们将其称为"打沙袋":你将一肚子的不满集中起来,出其不意地砸在伴侣脸上。"吉姆,我们需要谈谈。你是个糟糕的父亲,床上功夫也很差,而最可恶的就是你的生活方式不环保!"

未能明确提出需求时,责骂就成了最后的防线。但这样做不仅效果欠佳,还会雪上加霜。人们常说"骂你是为你好"——这是个很荒诞的说法。这世上压根儿没有"为你好"的责骂,责骂总是毁灭性的。有一个简单的方法可以防止这一切:明白地说出你想要什么。

让爱人为你大显身手

记住:无须为你的需求寻找理由,也绝不能通过指责对方来表达需求。

很多人倾向于使用这样的策略：为了合理化自己的需求，往往会先挑出伴侣的错处。其中的逻辑是：伴侣错待了我，于是公平起见，我也要提出需求。为建立健康心态，你的首要任务是把自己从这种思维模式中解放出来。没有必要用挑刺儿的方式来将需求正当化。

抨击或指责伴侣不大可能让你达到目的。事实上，指责对双方都没有好处，只会从一开始就搞砸让伴侣倾听并满足你需求的可能。并不是说你得对伴侣说甜言蜜语或者操纵拿捏他，而是说你必须诚恳、直率、积极，不要被动。要怎样才能做到这一点呢？可以学习一下下面这个简单的模板：

第一：始终只谈自己，而不是伴侣。不要通过指出伴侣的错误来提出自己的诉求。不要对伴侣评判哪怕一个字！你们在聊的是你，不是他。

第二：只谈自己情绪低落的原因，而不是伴侣的性格缺点。告诉伴侣是什么令你烦恼，你想要怎样改变。这样伴侣就能帮助你做出改善，而不是因为你的指责而满怀反感与抵触。

第三：提出正面需求。你需要伴侣做什么来改善你的心情？说具体些、明确些，而且一定要正面！不要说伴侣做错了什么、没做对什么，这样太容易偏离成指责了。相反，你要将表达需求看作一个机会，能让伴侣为你做一些令你真心感谢的事。告诉伴侣怎样为你大显身手吧。

要怎么表达需求呢？这里有些正误对比的例子：

不要说："你从来不肯为我挤出时间。很明显你根本不在乎我们的感情。"

要说："我觉得很孤单（描述感受），这么久了我们都没时间好好陪陪对方（描述情况）。能不能找点儿时间，哪怕就一起待一会儿呢（提出正面需求）？"

不要说："你总是把厨房搞得乱七八糟，真是个懒鬼！你以为我就不想睡前放松放松吗？"

要说："最近我累得厉害（描述感受），家务活实在太重了（描述情况）。这周的碗和衣服你来洗，好吗（提出正面需求）？"

场景反转！

来看两段场景，我们要怎么来个大反转呢？

场景1：伴侣的母亲总是对你挑三拣四（开饭时间

太晚了；孩子电视看得太多；就这么点钱，非得买新车吗？），她今晚要来吃饭，你希望伴侣这次能站在你这边——上次她来你可吃了大苦头。

你说："你妈真是搞得人不得安宁！你老是附和她，你和她一样看我不顺眼，是吧！"

反转："你知道吗，今晚你妈要来，我有点紧张，她好像总喜欢挑我的毛病。如果今晚她又开始批评我，你会为我说话吗？这对我很重要。"

场景2：10年来每天晚饭都是你做。你已经厌倦了！你希望今晚能换个花样。你们手头不宽裕，一般只在特殊日子才出去吃饭，但你真觉得对方把你做饭当成了理所当然，而你想要休息一次。

你说："我看你是太小气了，连带我出去吃饭都不肯。"

反转："我做饭做腻了。很久没出去玩了，咱们今晚就出去吃吧！"

简简单单，直截了当。最美妙的是，管用。

当观察一对开始对话的伴侣时，我们能准确地预测他们讨论的走向。对话成效如何？是否都感觉对方听进了自己的话？发生分歧时，他们能否依然善待对方？这次对话是会妥善地解决问题，还是充满讥讽、毁灭性的责骂、抵触和攻击？在96%的情况下，最初的3分钟不仅能预示对话的结果，也能预测这对伴侣未来6年的感情关系[1]。

对话的开始方式至关重要。不管你多么在理，如果以刺耳的方式开启对话（指责对方，或使用"你总是""你从不"句型），你就会将自己（以及伴侣）置于一个极其不利的位置：不仅你们俩都无法达到目的，情感关系也可能遭到破坏——特别是这种刺耳开场白形成习惯的话。换一种我们称为"柔和开场白"的方式会给你很大帮助。开启对话的方式决定了结束对话的基调。开口时不要批评，要包容。想想看，要对伴侣说什么，才会让他心甘情愿倾听你的诉求并给出正面回应。在一项长达6年的纵向研究中我们发现，在商讨如何解决问题时，伴侣开启对话的方式可以准确预测他们能否将愉快的情感关系维持到6年之后。

米莉亚姆和杰克后来怎样了呢？他们如今相处得很好。谈过心后，米莉亚姆发现杰克之所以难以爽快开口请她牺牲一些工作时间用于两人共处，是很久以前因为类似事情受过伤害。在杰克的成长过程中，父亲常常为了工作牺牲陪伴杰克的时间，也很少参与杰克的生日或毕业典礼之类的重要活动。哪怕之前承诺过，哪怕杰克苦苦哀求，父亲也常常令他失望。每当父亲缺席，杰克都会感到痛苦，于是他也停止了努力。不开口就不会失望，就不会感觉自己在所爱之人心中微不足道。

当然，即使如此，失望也还是不可避免——但他甚至没给米莉亚姆一个为他提前回家的机会。最后，米莉亚姆很轻松就重新安排了时间，一周有两三个晚上可以放下雕塑工具回家吃饭，甚至在艺术展开幕前繁忙的准备阶段也是如此。杰克要做的仅仅是告诉她，这对他有多么重要。

"你有空吗？"

时机的选择很关键。如果想和伴侣谈一些对你来说很重要的事，伴侣却尚未做好开始积极交流的准备，你可能会感觉遭到了拒绝或者忽视。但奇迹也不会轻易发生：我们收集的数据显示，在日常生活中，忙碌的伴侣共处的时间非常有限。在这个时间窗口中，两人同时进入积极回应状态的概率很低。虽然人们在 60% 的时间内都会响应他人的沟通邀请，但伴侣双方同时积极响应的概率却只有36%。情感实验室的研究发现，即使是婚姻幸福的夫妻，在沟通邀请被忽略或未得到回应的情况下，再次发出沟通邀请的概率也只有22%[2]。所以，如果想在开车时把路边的漂亮花园指给伴侣看，伴侣却没注意，可能也没什么大不了的。但如果沟通邀请常常得到回应，你的精神银行账户就会给你提供一个松软的保护垫，被忽略的沟通邀请如同鸭子羽毛上抖落的水珠一样，对你没什么影响。不过，如果你迫切地想为某些重要的事与伴侣进行深入交流，你就得多花些心思了。

发生误会、伤害感情的风险无处不在，一对夫妇发现了一种轻松又巧妙的方法来化解危机。蕾切尔和杰森已经结婚27年，育有两个青春期的女儿。早年两人一边全职工作一边养育两个幼儿的日子，他俩还记忆犹新。杰森一向习惯早起，蕾切尔则是夜猫子。好不容易碰了面，有了些相处的时间，却又消耗在了堆积如山的杂务里。"当时我们的交流只有'谁去采购？谁去接孩子？'，几乎没时间聊其他事。"蕾切尔说，"又要赶时间，又要做饭，谁还有空管别的？"

问题在于，当一方需要聊聊时，另一方通常处于工作模式或育儿模式，又或者仅仅是筋疲力尽不想回应。口角与误解令他们心烦意乱，伤心后久久不能平复。

有一天，蕾切尔送孩子去早教学校，无意中听到老师教给孩子们一个温和的指示：如果想和朋友聊天，但朋友正在玩耍或者做其他事，就得先问他们"有空吗"？朋友可以回答"有空"或"没空"，也可以说"等我画完画就和你玩"。神奇的是，孩子们都学会了！蕾切尔不禁大笑起来——如此简单明了又如此巧妙，连孩子都能做到。

她和杰森开始尝试。他们约定了一条新规：如果有重要的事要和对方谈，就说"你有空吗"？此前相当艰难的交流顿时轻松了不少。他们可以毫无负担地说出"10分钟就行"或者"等我写完电子邮件"。

"这样我们就能把注意力集中在此时此刻。"蕾切尔说。杰森补充道："压力也减轻了。而且一旦准备好交流，我们就能投入全部的心力。一切都好起来了。"

今天试着问一句吧——

你有空吗？

> 今日练习

提出你的需求

人人都要学习怎样表达自己想要什么、需要什么。一开始你可能会感觉别扭或者胆怯，但就像骑自行车一样——一旦上了路，你很快就能掌握窍门。

今天，你的练习分为三步。

第一步：思考

你想要或需要什么？

现在就花上片刻时间想一想，一直以来你希望能从伴侣那里得到什么？想要更多和他共处的时间？想要他帮你做家务？想要他在职业道路上给你更多支持？想要听他说更多的"我爱你"？

第二步：重塑

如果你正在用负面思维思考问题，改变它。

不要挑伴侣的错误，而是给他提供机会。你希望他满足你的什么正面需求？

第三步：谈谈你自己

永远把话题限定在自己身上，将感受和需要告诉对方，以此来提出诉求。

"我很想你。今晚我们能不能放下手机，出去玩玩？"

"这周我实在是忙不过来，你能帮我分担一些家务吗？"

"我今晚太累了。你能哄孩子们睡觉，让我休息几分钟吗？然后我们可以坐下来喝杯红酒。"

"我喜欢你的拥抱。抱我一下吧！"

明确你想要的，说出你想要的，很可能就可以得到你想要的！你的伴侣愿意帮助你、支持你，满足他吧。让事情简单一些！当别人猜不出自己心中所想时，人们常会用挖苦的语气说出一句话："要给你画张地图吗？"我们会说：要！给他画一张地图吧，你们两人都会更快乐。

【疑难解答】

· 无论你用何种方式提出需求,伴侣都觉得你在攻击他

有时候,不管做得多么妥善,当你说出愿望和需求时,伴侣总会将它们曲解为指责——哪怕你尽自己所能表达了正面需求。这是因为在过往生活中,指责已成常态——是积怨太多造成的。如果常常忽略对方的需求,也会出现这种情况。情感出现隔阂,外加已养成寻找对方错误、疏漏、缺陷的习惯,当你深陷这种负面视角时,哪怕被伴侣用渴望的目光注视,听见他说"我爱你",你也会将其视为一种责难。

但你可以改变。

当你停止用指责的口吻表达需求与渴望,取而代之以"柔和开场白"和正面要求,就能迅速溶解坚冰。起初你的伴侣可能依然心怀戒备,依然将你的每句话都当作指责,在他的回应中,你可能还是会听出戒备情绪。如果是这样,下一次开口提要求时就说得更具体些。比如:"我真的不是在责备你。我只想说,如果……(在此说出你的正面需求),我会非常高兴。"

· 循序渐进

有的伴侣做这个练习时需要谨慎一些。如果感觉今天的练习太难,试试这种方式:不要纠正伴侣的做法(他的行事方式与你的期待不同,你希望他做得更好或者改变方法),而是请他做些能让你开心的小事。让他在回家的路上去一趟面包店,买你最爱吃的点心;让他调制最拿手的特饮;让他给你一个拥抱!提出一个轻易就能做到的甜蜜请求,这样你就能真心诚意地说出:"谢谢!真是太棒了!"

DAY 6

第 6 天

REACH OUT AND TOUCH

是"爱人"
不是"室友"

℞

今日练习 | 小动作的魔力

当伴侣只是

紧紧握住你的手,

你就会觉得两人

心意相通。

第6天　是"爱人"不是"室友"

格蕾丝和安德鲁忧心忡忡,他们的性生活次数降到了历史新低。

找不出什么确切的原因——他们没有争吵。他们相处得不错。是的,他们很忙,可谁又不忙呢?安德鲁在附近的一处军事基地从事技术工作,他很喜欢别人问他做什么工作,这样他就可以抛出那句吸引眼球的回答:"这是机密。"格蕾丝在家照顾三个年幼的孩子……以及一群鸡鸭,很快(她希望)还会有山羊。他们的住所是一团五彩缤纷的乱麻——身为美术家和音乐家的格蕾丝(她曾是小学教师)带着孩子们学画画、学吉他、学烹饪。安德鲁回到家,把领带往肩膀上一甩开始做晚饭,格蕾丝打扫鸡圈、把大堆洗好的衣服送进烘干机，孩子们则追追打打，大喊大叫。他们的生活忙碌喧嚣，使人筋疲力尽——但他们很快乐！不是吗？两人都开始产生疑惑。充满激情的欢爱曾将他们像磁石一般吸引在一起，现在却似乎蒸发得无影无踪了。比起爱人，他俩更像是一起经营生意的搭档。

每次格蕾丝怀孕时，他们也有过无性的生活，但后来总会恢复干柴烈火的状态。现在，最小的孩子也快三岁了，孩子们夜里都睡得好好的，再没有夜醒的婴儿需要照顾，也没有幼儿睡在两人中间。然而，此前那欢乐、甜蜜、自然的床笫之欢却依然无处可寻。有时，性生活似乎就要恢复如初了，但如同某种奇怪的天气模式，它还是没有回来。

他们尝试了几种方法，比如外出约会，或者在卧室里安排一次深夜相会，但感觉太刻意了。而且半数的情况里，他们好不容易一起躺在床上，结果就这么睡着了。

安德鲁说："我一整天都在想，今晚绝对要做爱！但半数时间我还没刷完牙她就睡着了，或者她去看孩子的时候我睡着了，又或者我们聊起要付的费用、明天要做什么，于是就性趣全无了。"

"其实根本就没有什么性趣！"格蕾丝说，"我们一起躺在床上，突然之间就感觉连亲热都怪怪的。我是说，我们一整天连牵个手的机会都没有，甚至都没说上一句话。于是我就找个话题聊起来，结果不知怎的就是到不了做爱的那一步。"

她补充道："就是感觉好像没什么乐趣了。以前是有的。而且我也希望能像以前一样！我不想做个爱都这么大费周折。"

艾丽西亚和阿卜杜勒这对夫妻的生活与安德鲁和格蕾丝完全不同，但他们却面临着相同的问题。他们的豪华公寓位于西雅图市中心，两人是律师，分别在该地区的两家技术公司从事法务工作，热爱骑行和旅游。他们如今40岁出头，没有孩子，也不打算有。

在新冠疫情的封城时期，艾丽西亚和阿卜杜勒找到了生活积极的一面：他们有了更多时间来陪伴对方。

但在疫情肆虐的这一年中，情况渐渐发生了变化。成天在家参加网络会议、打视频电话，这样一天下来，他们都觉得生活无趣又孤单。曾经常去的咖啡店和餐厅都关门了，两人厌倦了做饭——做出来的饭菜每天都是一个样。

他们将大把时间花在看电视上，在各种流媒体上一口气看完了所有出名的剧集。他们被困在同一套小小的公寓里——相处的时间反而变少了。这怎么可能呢？两人都不太想做爱，他们觉得对方好像室友，而不是爱人。艾丽西亚在想什么？阿卜杜勒想拥抱一会儿还是想要独处呢？

这"正常"吗？

担忧、迷惑都是很自然的：其他人发生过这种情况吗？还是只有我们？

《幸福婚姻的秘密：人类的情感常态调查》的作者之一克里桑娜·诺斯鲁普恰好就有过这种体验。这促使她开启了一个研究项目，后来被她写进了书里。当时，作为忙碌的母亲和企业家，她正着手创办一家保健企业，在此期间，她和结婚15年的丈夫的关系出现了"那种状态"。努力寻求解决方法时，她突然想：其他夫妻是不是也会遇到同样的问题？她和丈夫处于"情感常态"中的什么位置？还有，如果这就是所谓的婚姻常态，那伴侣们该做些什么才能解决问题呢？涉及沟通、性爱、矛盾等方面时，到底怎样才算正常？

为了对现代人的"情感常态"追根究底，她得到了佩珀·舒瓦兹博士和詹姆斯·维特博士的帮助，这两位都是美国最负盛名的社会学家。科学家们从世界各地搜集了大量信息，来研究情感关系中存在哪些超越了国籍、性取向、人种、社会形态等因素的"普遍现象"。来自23个国家的志愿者们填写了一份包含1300个问题的调查问卷，来解答我们对于长期情感关系的迫切疑问。其中有一个特别刺激的话题：**拥有和谐性生活的都是怎样的人？他们是怎样多年如一日地保持激情燃烧的状态？**

你可能会猜想，那些性生活美满的伴侣要么一方有需求时另一方就同意，要么会想出新花样来助兴，要么在卧室里百无禁忌。不对。事实上，两位伴侣钻进被窝后发生的事和他们对性生活的满意度几乎没什么关系。对恩爱美满、双方都对性生活十分满足的伴侣进行研究后，诺斯鲁普、舒瓦兹和维特总结出了他们特有的一些习惯[1]：

> 1. 他们每天都说"我爱你"，而且是真诚的；
> 2. 他们经常激情接吻，不需要任何理由；
> 3. 他们经常赞美对方（还会给对方浪漫惊喜！）；
> 4. 他们知道怎样激发伴侣的性欲，也知道伴侣失去性趣的原因；

5. 他们喜欢身体接触，哪怕在公共场合也是如此；

6. 他们保持玩心，共享欢乐；

7. 他们喜欢依偎搂抱，而且经常如此；

8. 他们将性放在重要位置，而不是冗长任务清单的末尾；

9. 他们保持着深厚的情谊；

10. 他们能轻松自如地谈论自己的性生活；

11. 他们每周都有浪漫约会；

12. 他们会安排浪漫的度假之旅；

13. 他们会注意及时回应伴侣的沟通邀请。

别被这张清单吓倒！记住，如果你能在清单中提到的某些方面有所改善，那你已经在进步了。看看本周我们要求你养成的这些习惯：赞美对方；保持好奇心，询问能使你对伴侣有所了解的问题；多花时间彼此陪伴，而不是将对方放在任务清单的末位。

注意：早在你和伴侣睡在同一张床上之前，清单上的大多数习惯你们就已经养成了，甚至连那些通过身体接触来表达爱意的习惯也不例外。

今天，这就是我们学习的重点：身体接触。

身体接触是一剂强效药。肌肤相亲能引发生理反应——身体会分泌催产素,这是一种能帮助你加深情感羁绊与联系的激素。婴儿出生后,正是在这种激素的影响下迅速建立起和母亲之间的纽带。催产素进入血液循环后,对人体大有裨益。它能降低血压,消除压力,甚至降低患心脏病的风险[2]。身体接触不仅有利于情感关系,还能帮助你健康长寿。对我们人类而言,它和水、食物甚至空气一样不可或缺。

身体接触如同氧气

没有身体接触我们就无法生存。身体接触对人类物种的延续至关重要。正如我们之前所说,人类是群居动物——没有同类的陪伴、没有情感联系、没有身体接触,我们就会死去。很久以前我们就发现,如果将人类幼儿与世隔绝,哪怕给予他们充足的食物和水,其死亡的风险也会大大增高[3]。

新冠疫情期间,这一点在心理学者那里再次得到了验证。为了配合疾控中心的要求,人们纷纷居家或者隔离,许多独居或未婚的人士就落了单。当隔离时间从周变成月,再延长到整整一年,这种隔绝状态便对他们产生了严重影响。很多被单独隔离的人体验到了"触摸剥夺"[4]。据研究员蒂法妮·菲尔德博士的观点，这与焦虑抑郁情绪有极大关系[5]。其他研究将这种影响称为"触摸饥渴"，这个名词形象地描述了缺乏定期身体接触的后果。令人愉快的身体接触帮助我们分泌催产素，将身体转换为"休养生息"模式。触摸饥渴的影响则恰恰相反。缺少身体接触会使人压力增高，焦虑加重。这会导致身体分泌过量的皮质醇——适量皮质醇是有益的代谢激素，但血液中皮质醇过多，会使人进入"惊弓之鸟"模式：心率加快、血压升高、呼吸浅促。长此以往，它还会妨碍消化甚至抑制免疫系统。毫不夸张地说，触摸饥渴会让你"闷出病来"[6]。

发展心理学家菲尔德是迈阿密大学触觉研究所的现任所长，她将触觉称为"感觉之母"。对于人类触觉的潜能，菲尔德本人就有第一手经验。在20世纪70年代中期，还在读研究生的她生下了女儿，孩子早产了一个月，只有30周大。

当时，公认的医学常识是不能触摸早产儿——感染的风险太高了。早产儿被放在恒温箱里，父母和孩子不能接触。但菲尔德相信触摸能使女儿焕发生机。她说服医院工作人员让自己抚触女儿，她发现在定期触摸下，孩子情绪变得平静，进食也更多了。于是她着手开发了一种早产儿恒温箱供医院使用，这种恒温箱可以在允许父母和婴儿进行身体接触的同时保持无菌的恒温环境，预防感染。她开展了一项研究，发现家长经常抚摸早产儿时，孩子会长得更茁壮，体重增长更快，而且能把出院时间提前几乎整整一周[7]。

身体接触的受益者并非只有婴幼儿。我们发起过一项针对成年人的研究，研究对象是正要迎来第一个孩子的夫妇。我们发现，每天15分钟的身体接触（给孕妇进行颈部或肩部按摩）对产后抑郁发生的概率有重大影响。在每天坚持15分钟按摩的夫妇中，22%的新手母亲出现了产后抑郁的迹象。那些没有身体接触的孕妇呢？产后抑郁的发生率飙升至66%。仅仅15分钟的身体接触，就能产生迥异的结果[8]。

人们热爱身体接触，而且不一定与性有关。性是情感关系的重要组成部分，但对一些人来说情况较为复杂。很多人觉得性行为或者最终发展为性行为的活动是体验身体接触的唯一途径——这是不正确的。研究表明，不论男女，喜爱依偎搂抱的伴侣拥有长期美满情感关系的概率更高。

所以身体接触对人有益。有益于健康，有益于情感。数据表明，伴侣间不经意的身体接触（牵手、接吻、在公共场所或者任意场合亲密地触碰对方）与美满的性生活有着紧密联系。大家都知道那有多么美妙。

那么，是什么阻碍了亲密接触？

身体接触的禁忌与其他阻碍

个人的方方面面都会对情感关系造成影响，其中一个影响因素就是从小接触的文化环境。很多人根本没想过身体接触会有什么禁忌——但有一些地区的文化对此较为排斥。

20世纪60年代，研究员西德尼·朱尔德组织了一项实地研究。这项后来非常有名的研究被称为"咖啡馆调查"。

朱尔德走遍世界各地，在咖啡馆里坐下，然后观察走进咖啡馆的伴侣们。伴侣间任何形式的触碰都被他记录了下来：牵手，抚摸对方的胳膊、脊背或头发，膝盖碰在一起，等等。他发现：在法国巴黎，伴侣一小时内互相触碰的平均次数达到110次；在美国佛罗里达州的盖恩斯维尔，伴侣一小时内互相触碰2次；在英国伦敦，是0次。朱尔德得出结论，在特定的文化环境里

（有些人终其一生都浸润其中）似乎存在着一种"触碰禁忌"[9]。

如果文化环境是人们畅游的海洋，那家庭就是小小的池塘。你和伴侣的成长环境会影响你对被触碰的感受以及对身体接触的相关需求。如果你和伴侣的成长环境都缺乏身体接触，甚至是零接触，那身体接触（哪怕来自人生伴侣）就会令你不适或紧张。在某些案例中，若当事人遭受过虐待，那么就连善意、关爱的触碰也会引发恐惧。因此身体接触就成了"双刃剑"：它可以美妙、舒适、激发性欲，但如果触碰过于突然、粗暴，或者是在对方毫无防备时触碰对方，就会令人感到遭受了威胁。我们必须充分了解伴侣的过往经历，以及他们过去接受触碰（或者缺乏触碰）的方式。

情感关系并非悬浮在真空之中——身体接触的相关习惯受一系列因素影响，起初当事人可能并未察觉。各种各样的原因决定了每个人不同的"设定"：对于身体接触的方式和频率，每个人的舒适区和需求各不相同。但不管你属于哪种情况，都能以令自己愉悦的方式增加和伴侣之间的身体接触。哪怕没有在疫情中经历独居和自我隔离，你也能体验到有些心理学家称为"肌肤饥渴"的情况：一种对身体接触的不知餍足的渴求。

男女之间对身体接触的需求和对性的渴望有什么区别呢？刻板印象中，男性的性需求肯定比女性高。是这样吗？好吧，一定程度上是的。研究表明，通常情况下男性一天中想到性的平均次数是女性的两倍[10]。但每个人都是不一样的。很多异性恋伴侣的情况恰恰相反，女性的性冲动要比男性更高。随着年龄增长，女性可能会在这方面想得更多——为性欲减退而忧虑是再正常不过的。

很多女性找我们咨询时都会问：我这是出了什么问题？我们可以自信地告诉你们：没有任何问题。事实上，女性性欲减退的现象并不罕见。别忘了，在史前时代，人类的预期寿命只有40岁左右[11]。女性在晚年不需要性欲，因为她们根本没有"晚年"。但是请注意：积极、亲密、放松、与性无关的身体接触能给我们在很多方面带来益处——包括在想更进一步却又感觉拘谨时，身体接触可以帮助你们擦出激情的火花。在合作过的伴侣们身上，我们发现了这样的现象：当男性（或女性的同性伴侣）接近女性时，除了单纯的性需求，还给予对方正面的、与性无关的身体接触（搂抱、按摩、足部推拿），所带来的放松与刺激很可能发展为性行为。

这并不是说你应该把伴侣拐上床，或者把任何身体接触或肢体语言都当作性爱的前兆。也不是说如果某人没有立刻和你上床，一定就是对性没兴趣或者根本不想做爱。对很多男性（不是全部）而言，是性冲动导致了身体接触。对很多女性（也不是全部）而言，是身体接触导致了性冲动。无论属于哪一种情况，根据上面的描述，你也许可以识别出自己的模式。当一开始的触碰与性无关时，反而会更容易激发出有些人的性欲。

重点是，只为触碰而触碰。身体的亲密接触并不一定要发展为性行为才算"回本"。你能做的最好的事情之一就是，去除"身体亲密将会、一定要发展为性行为"这种观念。身体接触本身就能给你和伴侣的身体带来全面且必需的养料。

来聊聊吧！

上面谈到的内容——文化、经历、家庭、创伤，都强调了一个事实，即我们不仅要进行身体接触，还要和伴侣谈论它。

哪怕经过多年相处，在身体接触的方式和时间上，我们也可能忽略伴侣特定的需求或偏好。举例来说，你可能觉得在焦虑或愤怒时，一个拥抱能让你的心情平静下来，但同样的拥抱可能使你的伴侣感觉烦躁或沮丧。在那种情况下，可以简单问一句："现在你需要什么？想要拥抱一下，还是想要一些空间？"总之，你需要和伴侣沟通：弄清你们想在何时、何地以何种方式进行身体接触。

你可以这样询问对方：

> 你最喜欢怎样的身体接触？
> 你不喜欢怎样的身体接触？
> 你最喜欢在什么时候被触摸或者拥抱？
> 你不喜欢在哪些时候进行身体接触？
> 你最喜欢被触碰的身体部位是哪些？

在最后一个问题里，我们谈的主要是与性无关的情况。人们身上常有些部位特别需要按摩，这会让他们感觉轻松舒适，但他们的伴侣可能对此并不了解。

对于格蕾丝和安德鲁这样希望性生活能更有活力、激情和主动性的夫妇，我们给他们的第一要诀就是：谈一谈！和伴侣展开对话。开口讨论身体接触是你们必须练就的能力。如果不习惯直截了当地谈论这种话题，你可能会觉得像初学骑车一样有些难以驾驭。但你可以试着问问上面那些简单的问题，很快就能掌握窍门了。

第二要诀是：不要只盯着卧室不放！发现了吗？本周没有给你布置任何与性相关的具体练习。因为涉及性的时候，每对伴侣的情况都大相径庭。没有什么魔法数字、万能数值来告诉我们多少性生活才能给伴侣们带来美满、充实、长久的结合。在这个领域，成功模式可谓五花八门。但我们能确定的一点是，养成一些小习惯（包括充满爱意的身体接触）能使你们之间的情谊、爱意、欣赏和信任更上一层楼。还有，没错——也许你能因此享受到更多的性生活。

"信任分子"

身体接触拥有强大的力量，甚至与性无关的身体接触也是如此。它能安抚心情，加强情感联系。当伴侣握住你的手，你就会觉得两人心意相通，这并不是错觉。

心理学家詹姆斯·科恩曾经做过这样一个实验：将一位女性送入核磁共振仪中进行大脑扫描，与此同时，在她的脚趾上接着一个电极。核磁共振仪舱室内，在她刚好能看见的地方，用投影仪给她看两张图片中的随机一张：绿色圆圈或者红色叉号。当红色叉号出现时，她有四分之一的概率会受到轻微电击（并不痛苦，但也不好受）。科恩观看大脑扫描时发现，当实验对象看见红色叉号时，遭受电击的预感必然会激活她大脑中的恐惧系统——位于大脑颞叶，眼后数厘米的杏仁核会活跃起来。

于是科恩加入了一处变数。他设置了一个新情境，并将三个情境进行对比：第一个情境中，女性的丈夫坐在核磁共振仪旁握着她的手；第二个情境中，一位陌生人握着她的手；第三个情境中没有人握她的手——她独自一人。

结果如何呢？在实验对象独处或被陌生人握住手时，大脑中的恐惧系统依然会被激活。但实验对象被丈夫握住手时，恐惧系统就完全关闭了。她看见了红色叉号，本来应该会被激发恐惧反应——但是没有[12]。

科恩又将实验对象换成同性伴侣，结果一模一样。当时美国最高法院还未将同性婚姻合法化，于是科恩询问他们：是否觉得自己已婚？是否已经互许终身？回答"是"的实验对象恐惧反应更低[13]。心有所属，如同穿上盔甲，将恐惧隔绝在外。

只是握手而已——这就足够了。只是一个小小的、微不足道的触碰，我们常常漫不经心地伸手握住对方的手，几乎不会为此多想什么。这样的小动作多多益善。即使如此简单的触碰也蕴含着强大的力量，因为和所有来自爱人的触碰一样，它能促使催产素进入血液循环。研究员保罗·扎克将催产素称为"信任分子"。它的威力如何呢？很强。扎克做过一个实验，他将钱分给实验者，让他们和其他人玩一个信任游戏：如果将钱分给别人，自己的钱数就会增至三倍，对方可能会把钱还给你一部分，但全凭信任。一般来说，人们会给出一半钱，留下另一半。他们表现得相当保守。但是如果往他们的鼻子里喷一点点催产素，他们给出的钱数会更多——他们对他人的信任度立即提高了[14]。

如果你在恋爱中做出错误决定，或者被完全不适合你的人迷得神魂颠倒、毫无抗拒之力，罪魁祸首可能正是催产素。它有时也被称为"糊涂激素"——在另一项实验中，人们被它搞得迷迷糊糊，被明摆着是骗子的人忽悠，做出了错误的投资决定[15]。重点在于催产素的效力！所以请务必和你的伴侣一起使用它。靠自己的力量就能做到，只要每天互相触碰就行了。据扎克的说法，有一样东西能和人工合成的催产素鼻喷剂一样，将爱与信任的激素注入你的血管：一个20秒的拥抱[16]。牵手、拥抱、亲吻、几分钟的肩部按摩，这些看似微小的行为却能积攒起强大的力量。我们建议大家：只要有机会，就给伴侣一个20秒的拥抱；只要能抓住片刻时间，就给伴侣一个6秒的亲吻。

为什么要拥抱20秒？因为催产素分泌并进入血液的时间正是20秒。那为什么要亲吻6秒呢？好吧，这只是我们的直觉。另外，这样做的感觉很美妙！

"小动作"的魔力

格蕾丝和安德鲁后来怎样了？他俩有着坚固的感情基础，但当时情势不妙。他们想要更多的机会来做爱、相处、亲热，但却没有时间，也挤不出时间。他们的生活相互脱离，成了两条平行线——安德鲁在基地做他的机密工作，格蕾丝则在家里安排手指画课程，还教孩子们用小小的手指头弹吉他。夜晚则像是赛跑现场：做饭、给孩子们洗澡、哄孩子睡觉，然后又坐回电脑前，处理躲不过的最后一批电子邮件或文书工作。账单、碗盘、宠物，还有待洗的衣服……有时候，他们晚上会坐下来在网飞平台看一部最喜欢的剧，讲的是史上相隔最远的异地夫妻：妻子是火星上的宇航员，正在执行为期三年的任务；丈夫则留在家里，负责管教和养育他们的女儿。就算在看剧时,两人也相隔甚远——格蕾丝盖着毯子坐在沙发上,安德鲁坐在房间另一头的扶手椅里。

的确,他们看似毫无劲头的性生活是一个问题,但这只是一个预警信号。他们在彼此的生活中错过了。

我们努力增强他们之间的情感联系,但他们真正要做的,是通过身体接触来跨越缺乏交集的忙碌生活所产生的鸿沟。因此我们开始在"小动作"上做文章,让他们在擦身而过时给予对方一个轻快的触碰。他们可以轻吻、捏一下对方肩膀、来一个拥抱。

我们也改善了他们回家时迎接对方的方式。这就是我们想出的方法:回家较晚的人(一般是下班回家的安德鲁,有时候是办事或放学归来的格蕾丝和孩子们),要猛地推开门并大声宣布"我回来啦!",然后先回家的那位要来到门口,用拥抱和亲吻表示欢迎。

他们做得特别开心。很好玩,也很好笑!孩子们乐在其中。他们喜欢冲到门边大喊"我回来啦!";他们喜欢看见父母站在乱糟糟的房门口,给对方一个长长的拥抱。

他们开始寻找各种时机进行身体接触,还在其中增加了许多仪式。早上,他们会在告别时亲吻——哪怕安德鲁要早点上班,也会亲一下熟睡中的格蕾丝。《亲吻的科学》中提到一项德国科学家的研究，研究结果表明每天和妻子吻别的丈夫比不吻别的丈夫长寿 5 年[17]。夜间仪式也很重要，不管当晚有没有性生活。除了说"晚安"外，还有什么方式祝伴侣晚安？可以试试亲吻、拥抱、互相依偎着聊会儿天，直到两人都昏昏欲睡。这一定是段甜蜜的时光。

最近有一项研究观察了 184 对伴侣，并调查了"情感依恋"与"身体接触满意度"之间的联系[18]。研究重点放在与性无关的亲密接触上：拥抱、牵手、依偎等等。不出所料，他们的确发现两者之间有密切联系。但真正有趣的一点是，世界各地的人们都有身体接触的需求与焦虑（觉得目前得到的身体接触不够多）。即使人们认为自己确实没有得到足够的身体接触，但当他们看见伴侣努力改善现状时，情感关系也会得到改善。换句话说，只要能看见、感觉到伴侣加深身体联系的努力，就足够给爱情添加燃料了。

在情感实验室中我们观察了 3000 对伴侣，身体联系的模式可谓十分清晰[19]。美满的伴侣（能共同幸福生活 6 年以上）会深情地触碰对方，无论对方是在做饭、打扫卫生还是在谈论天气。他们会牵手，哪怕在解决矛盾的过程中也会通过身体接触给予对方鼓励；他们会彼此依靠,而不是互相逃离,以至于如果你从他们的头顶往下画一条线,就能看见两人的线条总是朝对方倾去,仿佛正在移动的开合桥的两段,很快就会连接在一起。

> 今日练习

小动作的魔力

想要来一剂治愈的催产素,你需要投入时间,但哪怕短短片刻时间也能积少成多。这次攒几秒,下次攒几分,就能给你们带来改变。它们能迅速地聚沙成塔,加强你和伴侣情感和身体上的联系。

今天的练习就是尽可能创造身体接触的机会。不一定要和性有关——仅仅握着手一起坐在沙发上,或者停下手头的事互相拥抱,就能建立、滋养你们的身体联系,拉近情感上的距离。想做什么完全取决于你,而且,哪怕只有一丁点儿身体接触也能给你们带来好处,不过,当然是多多益善啦!但事先一定要和伴侣说好,确保两人都进入状态。这个练习应该令你们感觉自然、舒适、有趣。只要双方都做好准备,你们可以把整个列表都尝试一遍!

接吻能激活12对脑神经中的5对,对你大有益处!20秒的拥抱则能将催产素释入你的血液。你的血管会扩张,大脑会接收到更多氧气，这些生理作用都是实实在在的。所以，去激发爱的荷尔蒙吧！这对你的大脑、身体和情感关系都有好处。

一天内能完成几项？

尽可能多地打钩吧！

☐ 接吻……6 秒
☐ 拥抱……20 秒
☐ 牵手……想牵多久都可以
☐ 互相按摩 10 分钟（一方坐在沙发上，另一方坐在沙发前的地板上……然后互换）
☐ 在沙发上依偎而坐
☐ 用胳膊揽着伴侣
☐ 交谈时互相触碰手或肩膀
☐ 当伴侣面临压力时，将手放在他的肩膀上
☐ 碰额头
☐ 在桌子下面碰碰脚

认真思考

现在，一天即将结束，请花几分钟与伴侣分享当天增加的这一点身体接触带给你的感受——不管是给予还是接受。有没有哪一刻或者哪一种接触令你真心快乐？哪一种身体接触最为舒适？你希望哪一种身体接触能融入你们的日常生活？坚持探讨身体接触的方式，结果会令你高兴的。

【疑难解答】

· 如果身体接触给你带来压力

人们总是认为，伴侣频繁进行身体接触是因为他想要性生活，但这一点或许并不绝对。可能他只是在寻找亲密相处的感觉，伴侣却将其视为渴望更进一步的表现，因为当时并不想"更进一步"，便拒绝了伴侣充满爱意的触碰。

要把事情说清楚：和伴侣讨论得具体些，什么样的触碰是在表达爱意？什么样的触碰带有情欲？对你来说边界在哪里？一旦伴侣明白他的触碰传递给你怎样的信号，你们就可以放下压力，更加自如地用触碰表达爱意，也能在双方愿意的时候用触碰表达情欲。

• 如果你和伴侣对身体接触的需求程度不同

有些人在身体接触时不那么自在,或者需求较低;也有人对它无比渴求,将它视为建立亲密关系、被他人接受的必经之路。有时候我们会遇到这样的伴侣,两人的接触舒适度相差极大,造成了严重的问题。但一般来说,伴侣们都能学会适应对方的接触舒适度。我们之前也讨论过,这可能涉及每个人成长的文化环境,而且是根深蒂固的。

当伴侣希望你减少身体接触时,不要将其视为对你的拒绝。你要理解,每个人的成长背景与童年经历是不同的。这些经历会留下印记,让你觉得一些行为是轻松自在的,另一些则会感到不适。举个例子,原生家庭对每个人关于拥抱和身体亲密接触态度的影响是非常惊人的。成长环境在大脑中留下了深深的印记,成年以后,人们往往就会按照印记的方向前进。

请记住:我们的毕生任务之一,就是要对这些永久存在的脆弱之处怀有包容之心。伴侣的这种态度并不是他的错,也并不是对你的拒绝。这只是他的处世之道。打个比方,你的眼睛是非常浅的蓝色,必须戴墨镜,但你的伴侣并不乐意,因为他希望能注视你的双眼。你对此无能为力。这并不是谁的过错,只是事实如此,接受这一点会对你大有帮助。

• 当身体接触成了雷区

如果你的伴侣曾遭受过非自愿的身体接触——不管是性侵还是虐待,你一定要向他了解清楚,什么样的接触可以接受,什么样的接触不可以。正如我们本章所说,对身体接触的探讨(而非瞎猜)对所有伴侣都是很重要的,在这种情况下则更为关键。当然,经历过性创伤或虐待的人可以通过心理治疗得到治愈,但对于哪些触碰会令他们感到安全、放松,哪些触碰又会引发抵触、不适、害怕的反应,他们可能永远给不出固定答案。所以你要和伴侣聊一聊:"你喜欢我怎样触碰你?我触碰你或者拥抱你时,你有觉得哪里不舒服吗?"

朱莉曾遭遇过性侵,因此不喜欢被从背后抱住,也不喜欢出其不意的身体接触。在漫长的婚姻生活中,我们想出了解决方法。当约翰想要拥抱或者亲热,又不确定朱莉是否注意到他时,他就会大喊"我要来啦!",听到这句话的朱莉总会欢迎他的拥抱。

DAY 7

DECLARE A DATE NIGHT

第 7 天

不顾一切地约会吧!

℞

今日练习 | 定下约会之夜——不许推脱!

取消几个计划,
把脏碗留在洗碗池里,
以后再回工作邮件。
你的另一半更重要!

第7天 不顾一切地约会吧!

我们来聊聊婚内孤独吧。

听起来不是个令人愉快的话题,但对于为数众多的夫妇来说,这就是令人无奈的现实。如果你能感觉到它,或者感觉过它,你就不是婚姻的局外人了。这种现象很普遍。你们可能共同生活了好几年甚至几十年,一起抚养孩子,住在同一座房子里。你们曾期盼将彼此的人生合二为一,结果却事与愿违,变成了两条互不相交的平行线。你们可能发现自己的配偶、恋人、一生挚爱就坐在身边,你却依然感觉到深深的孤独。

2002年,加利福尼亚大学洛杉矶分校斯隆中心开启了一项前所未有的研究。他们派遣社会科学家走进那些忙碌的家庭(有孩子的双职工之家)并记录一周之内这家人除睡觉外的全部日常生活。这就像数年后才流行起来的真人秀节目：研究者们举着手持摄像机，跟随人们从一个房间走到另一个房间，记录下他们的每一次互动、每一段对话、每一声叹息。这和我们的情感实验室大不相同，在情感实验室里，数据是由隐蔽的摄像机记录的，伴侣们能感觉到自己在和对方独处。而在这个研究中，一个会喘气的大活人和他们共处一室，一旦伴侣之间开始详谈什么事，对方就会过来进行近距离拍摄。按常理说，在有人观看的情况下，伴侣们多半会觉得尴尬、拘谨，对不对？

其实，据研究者后来的报告称，伴侣们很快就忘记了还有外人在场。虽然一开始私人空间被入侵令他们感觉别扭，但举着摄像机的社会学家们迅速融入了背景之中，参与者们也表现得正常、自然，就像平时在家一样。为期一周的研究结束后，研究者们收集到的1450小时录像绘下了伴侣们在现实生活中的模样：他们花多少时间陪伴对方、和孩子相处、处理家务；他们怎么争吵，怎么协商；他们之间的温馨与龃龉。当他们睁开眼睛，准备开始一天的生活，摄像机便随之开机，直到屋里最后一盏灯熄灭为止。

这项研究是在西洛杉矶一处中产社区内进行的[1]。

32个家庭参与了研究，这些家庭样本充分体现了洛杉矶的文化多样性：非裔家庭、拉丁裔家庭、亚裔家庭和混血家庭，以及数对同性伴侣。这项研究成了一个数据宝库，使人们对现代伴侣的真实生活有了深刻了解。其中有一点尤为突出：夫妻在同一房间内单独相处的时间只占总时间的10%。但更令人震惊的是这样一个事实：伴侣互相交谈的每周平均时长只有35分钟。而且大部分交谈内容都与家务相关——家务、账单，以及谁要去做什么。这些交谈极少触及更深层次的话题——这些话题没那么紧迫，却更加重要。没有"今天过得怎么样？""工作还顺利吗？""是不是累着自己了？"或者"你在想什么？"，一起吃饭时，两人聊的往往是孩子而非彼此。（这个话题本身是很有价值的，但对于夫妻来说，它没有起到沟通情感的作用。）研究结果非常明显，绝大部分伴侣的生活都成了一眼望不到头的任务清单，他们放弃了对情感关系的经营，而情感关系本该是他们生活的重心所在。

斯隆中心着重研究的是有孩子的双薪家庭，但我们在各种家庭组合中都发现了类似情形：一方工作一方带孩子的伴侣，双方都工作的伴侣，甚至还有提前退休或休息在家、双方都不工作的伴侣。无孩伴侣也有相似的经历——大半时间都被工作占据，忙得筋疲力尽，晚上回家后只想瘫倒在沙发上看一会电视。两人可能身处同一个房间，却不会开口和对方说话。

这并不是谁的过错。大家都需要时不时地释放压力、放松身心。其他时候都有事要忙：哄孩子睡觉、洗衣服、赶工作。这就是生活！但如果日复一日都如此度过，另一半的形象在你的心中就会变得模糊不清，爱情地图的颜色也会越来越苍白。

随着时间流逝，人也会逐渐改变，而时间的流逝是很快的——比你想象中要快得多。有孩子的年轻伴侣（其实所有人都是如此）会埋头苦干，一味向前、向前、再向前，但如果未能时时停下来抬头看看伴侣的位置——了解他在思考什么、担心什么、激动什么、梦想什么，当你最终停下脚步，试图和他交流时，就会发现彼此间的距离已经十分遥远。你会越来越难触及他的心灵，他对你也是如此。

你们可能会在很多事上取得成功——赚钱、努力工作、完成所有任务、一路领先、向目标奋进。却也很可能因为长期未能彼此关注，导致两人全方位地脱节。斯隆中心的研究暴露了全球各地伴侣身上的通病：一旦确定关系，安顿下来，大家便不再关注情感生活了。其他问题似乎更迫切、更急需解决。情感关系——成年后支撑生活的基石，成了理所当然的东西。失去经营与维护后，它就有破裂坍塌的风险。

出门寻乐吧！

我们想给这些问题找到更好的答案：是谁在找寻婚姻咨询？他们为什么要这样做？我们调查过 4 万多对即将开始接受婚姻咨询的伴侣，涵盖了各种不同的性取向[2]。其中 80% 的人认为自己的情感生活"已无乐趣可言"。他们失去了享受对方陪伴的能力。

社会工作者、作家米歇尔·威纳 - 戴维斯曾在书中写过"渴性婚姻"，在这些婚姻中，性生活渐渐失去了踪迹[3]。在她的经验中，伴侣们来咨询时，通常并不会将性生活不和谐作为主诉——他们会提出其他急需解决的问题，比如家务分配、财务管理或者育儿方式上的分歧。但很快你就会发现，他们之间明显缺乏接触——无论是身体上、情感上还是精神上。他们的生活成了互不相交的平行线。

但根据我们的观察，即使人们去进行性心理治疗，也往往以失败告终。为什么？从理论上说，性心理治疗的关注点过于狭窄，性只是表面问题，而非核心问题。问题不止出在性上。对，性生活缺失了，但感性、冒险精神和乐趣也同时不见了，这就如同我们接收到了一条指令，"长大成人"意味着关闭儿童时期的一切幻想——玩耍、想象和创造。人们渐渐相信，要获得成功，必须丢掉这些"孩子气"的需求。然而这正是情感关系得以建立的基础，是人类天性中最美好的部分。最优秀的艺术作品和思想来自它们，最温馨的时光也出自它们的馈赠。然而，随着时间流逝，日复一日，它们却落到了冗长的优先级分类清单的最后一行。

很多伴侣会在无意中关闭对感性、冒险精神和乐趣的感受，所以我们在他们身上尝试任何改善关系的策略，结果都是石沉大海。身体接触、开放式问题或伴侣间的浪漫行为，都无法让他们有所回应。他们甚至提不起兴趣享受一顿大餐，也不想在厨房里开发新的菜式。"渴性婚姻"的关键问题其实并不是性，而是人随着时间推移关闭了通往心灵的大门：不想感受，不想冒险，不想玩耍和犯傻，不想互相了解。当初开始交往的那些理由：亲密的身体接触、互相依偎、一起愉快地聊天与放松、一起跳舞、一起探险、一起旅行……如今对他们来说已全无意义。渐渐地，慢慢地，无穷无尽的任务清单占据了它们的位置，最终，孤独取代了两人间的情感联系。

在两位作者婚姻的某个阶段也曾发生过这样的情况。那时我俩都忙得不可开交。约翰是全职教师，还要写方案书、发表论文。朱莉一周有40个小时都在和病人打交道，此外还有其他活儿要干，处理资料、做准备工作、搞研究。我们每人每周至少要工作60个小时。从相遇时起，我们就一直是一对忙忙碌碌、雄心勃勃的工作狂夫妻，但现在，这种状态的负面影响开始显现了。我们对彼此都没有好脸色——心情烦躁，一碰就炸。在家里，我们不想共处，而是避着对方，就像两块磁铁将同一磁极对在一起，互相排斥。我们不再约会，因为晚上都有很多工作要赶，而且也太累了。出门成了我们最不想做的事。

但是有一天，我们又为某事小吵了一架，原因现在我们都不记得了。吵架的真正原因其实不在于事情本身，而在于我们之间疏远的距离。当时我们甚至不愿触碰对方，极度缺乏正面的身体接触。于是我们突然意识到，这样的生活并不是我们所要的。

我俩达成了一致：花一些时间来好好相处。我们需要约会。我们是婚姻专家——我们不是给很多人提出过约会的建议吗?

我们拿出各自的时间表翻了起来,想看看什么时候两人都有空,但所有时间都是冲突的。"我们今晚就出去吧,"约翰说,"放下一切,就这么出发。"

我们搁置了当晚的全部工作,打扮得衣冠楚楚,仿佛要参加晚宴,然后去了西雅图市中心的索伦托酒店。这是一座华美的红砖建筑,历史悠久,建于1909年,有着那个年代日暮西山般的奢华。我们不是住客,却伪装成住客的样子;我们迈着自信的步伐走进酒店,强占了壁炉旁的一张天鹅绒沙发;我们各点了一杯酒,坐在沙发上聊了几个小时,火光在我们脚边摇曳。其他住客在我们身边来来去去,有时坐上一会又离开——我们是待得最久的。没人留意到我们假冒住客,也没人把我们轰出门去。这种打擦边球的把戏令我们稍微体验了一把违规的感觉,反而增加了刺激感。这是一次很棒的约会。

这一场约会的效果真是立竿见影。走出酒店时,我们感觉脱胎换骨——沙发旁的壁炉重燃了我们心中的火焰。

第二天,我们在厨房里煮咖啡、打包中午的饭菜,同时谈论着这一天要做的各种琐事——谁在什么时间要去哪,怎么去,等等。但这一次,我们感觉磁极调转了方向,变成了相吸的状态。

这次紧急约会大获成功,我们决定每周都保留一个约会之夜,排除万难也要赴约。我们坚持了下来。有时我们疲惫不堪,有时不得不在次日拼命补完前一天的工作,但我们依然排除万难去约会,而且取得了良好成效。约会之夜成了一条救生索。

索伦托酒店也成了我们的约会圣地,但并不是每次约会都去那里——有时我们只是坐在屋前的门廊上,端着红酒或茶,在夜色中看着附近来来往往的行人、自行车和汽车,聊聊当天的趣事,聊聊最近读了什么、想了什么,聊聊未来。每隔几个月,我们就会穿上漂亮衣服,来到索伦托酒店,占领我们的专属沙发。约翰会带上一本黄色便条簿来做笔记——身为杰出的研究者和科学家,他将自己的好奇心和激情也带进了约会之夜。他准备了一份开放式问题清单用于提问。通常我们在前几个问题上就会聊得很投入,以至于从来没能把列表上的问题聊完。

我们都背负着压力与责任。我们总面临着繁多的工作,往往从早忙到晚也不可能做完。斯隆中心对双薪伴侣的研究发现,大多数伴侣似乎都被三份工作隔开——

两人的职业、经营家庭以及抚养子女。是的，你希望自己事业有成，希望能有空陪伴亲朋好友，希望消灭你的待办清单。但底线是你不能为此牺牲爱情的幸福。

所以我们恳切地希望大家不仅要将约会之夜提上日程，还要保持鲜活的冒险与玩乐之心。如今，如此之多的伴侣觉得自己"死气沉沉"，原因不止在性，而在于一切。那些已经枯竭的能量、生命力、电流般的冲动，曾促使着我们彼此接近、触摸、谈心、在对方身上找到新的发现，也重新发现自我：我们想要的，我们梦想的，我们已经拥有并深深珍惜的。想在一对"死气沉沉"的伴侣心中重燃浪漫之火，并不仅是敲开卧室之门那么简单。你要敲开一切。因此，约会之夜去哪里并不重要——哪怕你们哪儿都不去也没关系。重点是你们两人要在一起，而且没有任何事物让你们分心。

约会之夜的注意事项

大多数人听见"约会"就会想到餐厅。没错，你完全可以带着心上人去餐厅约会！但要赴这场事关重大的约会，你不一定非得打扮得漂漂亮亮，也不一定要去预约餐厅。事实上，我们希望能将"约会"的概念再放宽泛些。

约会的重点是拓展你的爱情地图；是询问开放式问题，看看它们能将你们带往何方；是身处同一空间，互相靠近，让伴侣给你正面的身体接触，令你像喷过水的花草一样焕然一新。最重要的是，约会是一场冒险。它可以是字面意义上的冒险：一起去一个从未涉足的地方，比如潜入某家豪华酒店；也可以是隐喻意义上的冒险：一起坐在门廊上，一边注视太阳落到树丛后面，一边漫无边际地聊天。

一些伴侣向我们展示了他们在约会上的惊人创造力。有对伴侣下班后约在酒吧见面——但并不以真实身份过去。他们会套用其他身份进行角色扮演，一边啜饮特价时段的鸡尾酒，一边来一场即兴演出。有一次，他扮演克格勃而她扮演FBI，两人都试图策反对方。这种游戏他们一周玩一次，每次都扮成新的角色。对他们而言，这是一种以身份和欲望取乐的方式，可以充分发挥想象力，和对方进行即兴表演，并在对方暂时披上的伪装身份之中发掘出金粒儿一般的真实念头。

另一对伴侣住在游乐园附近。约会之夜，他们会步行来到游乐园，坐上摩天轮，在灯光闪烁、缓缓转动的巨轮上聊天说笑。最终，摩天轮在最顶端停住，他们一边看着整个小镇在下方铺展开来,一边聊着明天、周末、未来5年的计划。

还有一对伴侣住在奥卡斯岛,青春期的子女常常带着朋友"突袭"他们的小房子,这时他们就会在包里装上蜡烛、红酒、奶酪和苹果,然后步行来到突入海峡的狭长码头,将野餐食物摆放在地上,坐下来倾听海豹抓鱼时拍击水面的声音,直到夜寒侵体,蜡烛燃尽。

哪怕在工作日的中午,在某张两人专属的长椅旁见面,在来来往往的陌生人群中吃放在膝上的午餐,也可以是一场美好的约会。

通常我们会建议你们两人单独约会。但有时候,整个家庭都需要来一场大冒险。作者女儿小的时候,曾被自己的作业搞得喘不过气(这一方面孩子和大人是很相像的)。在一个无聊的周末,她对我们说:"我恨周末!周末我只能做作业!"于是我们把她赶进汽车,一家人开车去了西雅图市中心的轮渡码头,在那里,绿白相间的大船每半个小时就会出港,穿过皮吉特湾,驶向星罗棋布的海岛。我们事先没做计划,也没翻时刻表,只是排着队开上了下一艘船,任由它将我们带往未知的目的地。这样的临时冒险成了一种传统。有一次,我们来到一个满是酿酒厂、书店和画廊的海岛小镇,在村子里东走西逛，欣赏陶器，还吃了刚做好的软糖。还有一次，我们来到一处海风呼啸的空旷海滩，在那里拾海玻璃，欢声笑语盖过了风声。真奇怪，我们在西雅图居住多年，和这些地方只隔短短的一段轮渡的距离，却从没有来过。

约会之夜不一定要在夜晚，不一定要花钱，也不一定要请保姆。你们甚至不必出门（不过我们还是会介绍几条重要的基本规则，告诉你哪些活动非常适合约会之夜，哪些则不那么适合）。

疫情蔓延之时，凡妮莎和卡洛斯的约会之夜是在后院里度过的。傍晚，他们在地炉里点上火，让3个孩子（分别是2岁、6岁、10岁）烤棉花糖，用饼干夹着吃。到了睡觉时间，他们添加木柴，将火烧得更旺，把小宝宝送上床，让两个哥哥也开始睡前准备。然后他们二人回到屋外，在火炉旁并肩坐下——没有手机，只有木柴燃烧的噼啪声。孩子们知道"约会之夜"是很特别的，知道不能打扰爸爸妈妈（别管他们端着酒杯坐在火边干什么，也别管他们在笑什么），要自己上床睡觉。事情似乎从来都没那么顺利。男孩们总是把头伸出窗户压着嗓子嚷嚷"牙膏在哪里？"或者"他打我！"。宝宝也可能醒过来。有时候会下雨，但夫妻俩还是拉起兜帽坐在外面，为这一切哈哈大笑——为绵绵细雨中、阴云密布的天空下的这一个约会之夜。

工作压力常会成为两人间的阻碍。凡妮莎是自由平面设计师，为了及时交稿常常工作到凌晨。卡洛斯是中学数学教师，早上5点钟就要起床批改试卷，以免耽误上课。但他们在某种程度上达成了一致：无论如何，一周一次的约会之夜绝不取消。

"是的，有几次我没能按时交稿，"凡妮莎说，"压力是很大。有几次我在工作上吃了苦头。但是很值得。我必须付出一些东西。而且我也很肯定，我不想要那种形同陌路的婚姻。"

全力守护

许多伴侣制订计划，想定期进行约会之夜，可实施起来却往往费尽周折。当生活中各种事务纷至沓来时，约会之夜就成了首先被舍弃的对象。

总会有各种因素妨碍约会之夜的实现：逼近的任务期限，无人照料的宝宝，或者深入骨髓的疲惫。所以我们来帮你把事情简单化：我们要求你去约会。请想象我们写给你一张医生的诊断单，上面是签好名字和日期的处方，为了你的健康，你必须立即遵循医嘱。你要养成习惯，当有人要求你让出为爱人保留的那一点时间时，要敢于说"不"。

定下雷打不动的约会之夜，就像建起一座堡垒，为你俩抵抗外部世界无止无休的狂风暴雨——所有的要求、截止日期和待完成的任务；纷乱繁杂的各种琐事；有些甚至还是你全心投入的宝贵事业，可能是职业追求，可能是抚养子女，也可能两者皆有。约会时间并不是多余的，也不是奖金或报酬，而是一种投资。而且，约会的趣味并不代表它是轻浮的。约会本就应该充满乐趣，约会的神奇效果正是它的乐趣所在。

定时定期、不容更改、不见不散的约会之夜是我们向伴侣们推荐得最多的干预方法。为什么？因为有用。我们搜集过大量数据，一对一地研究过数千对伴侣，我们亲眼看见怎样调整"生活杠杆"能真正奏效——约会之夜是最有效的手段之一。如果没有时间约会，那就挤出时间。对——我们建议你挤出时间。实在不行就无中生有！取消几个计划，把脏碗留在洗碗池里，以后再回工作邮件。约会更重要。

> 今日练习

定下约会之夜——不许推脱！

今天，邀请你的伴侣来一场说走就走的迷你约会。"约会"不代表去吃一顿大餐，也不需要找人来照顾孩子。你们可以约在雨中的后院，也可以约在屋前的门廊。

约会之夜的基本规则

1. 禁止电子产品！不许玩手机，不许看网剧。请回到现实生活中，回到两个活人面对面交流的时间。
2. 不要贪杯！一两杯葡萄酒有助于加深感情，但可别醉得忘记自己是谁。
3. 确保两人都做好准备！约会需要你们的共同努力，双方都应该投入其中。
4. 不要想当然地以为约会要以上床作为结束，这样压力会比较大。

5. 如果一方面临某种压力，需要倾诉，一定要敞开心扉。这次约会不一定要完美无缺，也不一定非得按照特定的方式进行。你们以后还会有更多的约会之夜。比如下周，因为你们会使它成为惯例，对不对？

6. 不要将约会变成社交活动，就你们两个人！

7. 很紧张，因为你们很久没有好好聊过天了，大约有一周，一个月，一年，嗯……十年？别管了，勇敢约会吧！

8. 问一些开放式问题来推动谈话。你在想什么？最近有什么开心事吗？这周有什么事让你不高兴？你现在最渴望什么？

9. 表达兴趣与好奇。再多说一点。继续讲！还发生了什么？

10. 最后一点：要简单。约会的重点不在于你们去哪儿，也不在于怎样精心准备一顿大餐，重点在于交谈、触碰、亲密。无论在哪里，这都是你们两人共同的约会。

【疑难解答】

- **临时起意开始约会,却不知道该做什么?**

只要稍微调整一下惯常的约会流程,加入一点冒险和创新就行。把一直攒着的开心事告诉伴侣;播放令你们感觉亲密的音乐,怀旧或欢乐的歌曲也行。特别是如果你们在家匆忙地开始约会之夜,身处熟悉的环境,任何"这次有变化、这次很特别"的信号都有助于在约会之夜的亲密空间上罩一层保护罩。

朱莉说:"曾经有一次,我父母约会时把所有的灯关掉,点上蜡烛,坐在客厅地板上,在咖啡桌旁吃饭——只为些许改变,些许浪漫。"

愿意的话,就精心打扮吧!哪怕不出门也行。穿上漂亮衣服,拿出精美的酒杯。为什么不呢?哪怕在最平凡的工作日晚上,这样做也能带来特别的浪漫氛围。

结语 ——————————————————— Conclusion

更新你的爱情处方

泰和奥利已经恋爱两年。泰来自加利福尼亚，奥利来自尼日利亚，不过他是在伦敦长大的。在伦敦，奥利和泰一起住在一间小公寓里。两人都是 20 岁出头。总体来说，他们这段感情才刚刚起步，但他们已经发掘出了一些成功秘诀。这些秘诀我们常在"爱情大师"身上见到。

当这对小情侣恋爱还不满一年时，所有人有生之年影响最大的事件之一发生了：新冠疫情。突然之间，他们不能出门约会，不能和朋友见面，不能旅游，不能在城里游逛。他们一天 24 小时都一起待在小公寓里，学习远程办公，学习如何全天、全程、整日整夜地相处。

泰说，首先冒出来的问题是他们处理争端的不同方式。泰的天性使他常常回避直接冲突，奥利则是有话直说的类型。

"我们曾经为鸡毛蒜皮的事起过摩擦——你们也知道，这种事真的很多！"泰说，"我这人性格就是，'哦，我要克制着不发火，在心里生闷气'。但奥利就会追着我不放，非要把事情说清楚。然后我们的争吵就这么……失效了，它仿佛失去了影响我们的力量。我以前从未谈过这种模式的恋爱，这让我感觉很舒服。"

他们也为其他问题想出了解决方法。如何保留彼此的私人空间；如何做好自己的事，不插手对方的活儿（这一点在疫情封锁期间非常重要！）；如何放下工作、社交媒体和其他人的要求，找一段时间专门用来和对方增进感情。在这些方面，他们的工作时间安排并不完美：泰按照加利福尼亚州时间工作，奥利则是伦敦时间。奥利一早就开始工作，泰的工作时间则是下午。泰常常错过晚餐时间，或者据他所说："我坐在那儿开着手机，一边吃饭一边回复邮件。"那他们是怎么找到时间好好相处的呢？

"我们经常熬夜到很晚，"泰说，"所以我们制订了自己的时间表。我们是夜猫子，大多数人睡觉的时候我们还醒着，要么聊天玩游戏，要么讨论未来的计划。"

如果他们在忙碌的一天中感觉需要来一次"微亲密"调整状态,一方就会向另一方索要一个长长的拥抱,或者"躺个30秒"——就这样,在两次视频会议之间,他们就会相拥躺个不到一分钟的时间。这就像是超快速充电。

对于刚刚开始携手相伴的泰和奥利来说,最大的挑战莫过于怎样在处理对未来的期待、对独立性的担忧等问题时,给双方的需求、渴望与梦想保留空间。

"我会一边坐在桌旁写作,一边幻想着搬到巴塞罗那,租个阳光灿烂的小公寓,走在鹅卵石铺的街道上,结识形形色色的人,体验一下在陌生城市里做单身青年的感觉。"

在过去的几段感情中,泰的伴侣对他这类想法的反应并不积极。提出这样的要求可能会导致激烈的争吵,带来反感、不安全感与嫉妒等消极情绪,泰对此深恶痛绝。

"我有过不怎么愉快的恋爱经历,"泰说,"但和奥利在一起,我就能大大方方地提出我想要的。我不想双方之间有所隐瞒。所以我说:'如果我想单独去巴塞罗那待一个月,你愿意吗?'而他则回答:'当然啦,如果你想的话。'"

他们深谈了一次。泰剖析了自己，他说自己一直想体验各种不同的生活——那么多的可能性，无止境地分叉、蔓延，就像树上冒出的无数枝条。他爱奥利，也爱他们共同的生活，但他也渴望能去探索自己的人生——渴望以自由人的身份行走在世间。

"我的内心深处总有一部分在寻求——寻求私人化的生活体验。奥利给我留出了空间。我可以保留这些异想天开的念头；我感受到了随意活动的自由；我可以尽情探索各种各样的可能性，而不会伤害到他；我们可以保留各自的独立人格。多亏能坦诚地讨论这个话题，我才意识到感情不会成为阻碍我实现梦想的枷锁。四处闯荡的同时，还有个大本营在等我回去。"

就在我们写这本书的时候，泰和奥利正期待着疫情的结束，很快他们就又能旅游了，他们打算去加利福尼亚拜访泰的家人。不过此时此刻，他们正在增进感情。他们在隔离中庆祝了两周年纪念日。他们无法像平时一样在纪念日出去约会，不能去戈登·拉姆齐餐厅吃饭，也不能在熙熙攘攘的酒吧里喝花式鸡尾酒。于是他们在家中实现了"周年奇迹"。泰做饭时听见奥利在客厅里翻箱倒柜，"现在先别出来！"奥利喊道。

谜底揭晓：奥利造了……一座堡垒。他把沙发推在一起，在上面堆上靠垫，还在这座柔软的堡垒上挂满了漂亮的毯子。在堡垒中间，他放了一整套野餐用具，包括一瓶红酒和漂亮的酒杯。

哪怕在疫情的阴影下，泰和奥利也度过了新鲜又快乐的周年纪念日。但是他们说，在有生之年经历的最混乱、最不可预测的这段时间里，他们之所以能保持深厚的情谊与爱，主要原因还是在于他们从早到晚都在感谢对方。

"从早到晚，我们一有机会就会说：'谢谢，我很感谢，你对我真是太好了。'"泰说，"无论大事小事，我们都会说谢谢。比如听对方发泄啦，泡咖啡时顺便给对方泡一杯啦，我们都会道谢。而且每一次道谢都是真心的，是我们的真实感受。"

马特和阿德里安娜与泰和奥利之间隔了半个地球，而且已经结婚 44 年——那时泰和奥利离出生还早呢。他们有两个儿女和三个孙辈。然而，阿德里安娜却说她当年并不打算结婚或者生育。如果你回到过去，对她说 40 多年后她和马特依然是夫妻，她会觉得难以置信。

"那是 20 世纪 70 年代，"阿德里安娜提起了她和马特相识相爱的时代，"没人想结婚！婚姻太没劲了。而且我也看见母亲是怎样成天待在家里抚养 5 个孩子的。

我母亲那一代人，女人都没有工作。离家去上大学时，我不知道自己想做什么，但有两件事是确定的：我绝对不会结婚，也绝对不会生孩子。"

她和马特相识于1974年，当时他俩都在大学的学生报社工作。他是图片编辑，她则在排字房负责设计版面。他总是走进来注视着她，邀请她去约会——而她总是说不。后来她在万圣节聚会上与他偶遇，他打扮成了一个疯狂科学家，顶着乱糟糟的头发，脸上挂着调皮的笑容，于是她改变了心意。马特站在楼梯下方，和其他乔装打扮的聚会者一起端着SOLO酒杯喝桶装啤酒，阿德里安娜站在楼梯上，踢掉一只鞋，把脚伸下去，脚趾划过他的头发。

"那一刻，"她说，"可太精彩了！"

两年后，他向她求婚，她拒绝了。她认识的人里没有人结婚，看来婚姻并不能真正给女性带来利益。但他一直坚持，最后，为了让他高兴，她同意了。

"我当时想，'好吧，干吗不呢——总还能离婚的嘛！'"

早上9点，他们在市政厅举行婚礼，双方父母是见证人。他穿着海军蓝开衫，她穿着衬衫和裙子。没有结婚戒指。

后来的岁月里，他们的生活起起落落。阿德里安娜曾是平面设计师，却因孩子的出生而放弃了工作。她发现一边带孩子一边工作实在太难了。马特进城工作需要漫长的通勤时间，往返要乘坐 4 小时火车。这是一个牺牲。因为他的工作，他们搬过好几次家。她觉得自己付出得太多了，但对此通常都是缄口不提。

"孩子们还小的那些年是最难的，"阿德里安娜说，"他成天工作，光通勤就累得够呛。我们住得离父母很远，所以我一直在一个人带孩子，连喘口气的时间都没有。我总说绝对不接受那种男主外女主内的传统模式，结果还是陷了进去。现在我意识到，我从他那里得到的支持实在太少，却从没开口和他谈过。我没告诉过他我需要他做什么。我只是保持沉默，生了很多年的闷气。"

另一方面，马特那时也正身陷苦战，挣扎着要在残酷的职场竞争中站稳脚跟。现在他说："当时，我只知道埋头苦干，我心里只想着工作，养家糊口的职责令我夜不能寐。但我也从没有把自己的难处说出口来。"

后来马特换了工作，投身于他觉得更有成就感的公益事业。阿德里安娜从成天带孩子的劳碌生活中解放出来，有了更多的自由来安排自己的时间。她成了自由职业者，重拾当母亲之前从事的平面设计工作。两人都觉得感情前所未有地融洽，成了他们避难的港湾、力量的源泉。但这种状态不是一夜之间就达成的。

他们循序渐进，一点点修正航向，比如忽略一些小矛盾，比如有了需求或矛盾就说出来，不再闷在心里。他们开始重视彼此间的陪伴，会一起出门玩乐。他们几乎每周末都有一场冒险：在林间远足，开车去雕塑公园，或者在雪地里野餐。他们沿着铁轨骑行去阿德里安娜喜欢的一家书店，归途中停在马特最爱的小饭馆吃午餐。每年的结婚纪念日，他们都做同一件事：带一瓶香槟来到树林里，找个风景优美的地方坐下，一起吃一块烤面包。哪怕下雨也不例外。

他们将这段情感描述为两列火车——并驾齐驱，一起向前；时而分头跑上两条平行的轨道，时而路线又相交在一起。有时他们怀疑能否一起走到最后，毕竟并没有什么惊天秘密给两人带来紧密的联系。他们只是一次又一次地发现这段婚姻的可贵之处，一次又一次选择将它延续下去。坦诚的沟通起到了极大的作用。多年之后，他们终于开口将早先的困境告诉了对方。两人都对那段艰难岁月记忆犹新，也清楚地记得对方的挣扎；他们发现当时自己没有向对方敞开心扉，结果处境变得更加艰难。阿德里安娜说她再也不会压抑自己的感受了。现在,两人都会开口将自己的经历、想法、感受告诉对方,于是怨气与误解在萌芽阶段就消弭于无形了。

"以前他们都说我们的婚姻长不了,"她说,"真的——大家都当着我们的面说:你们长不了。好吧,你猜怎样,我们还真就挺长久的。"

在这44年的婚姻中,他们学到了什么?

"要不断地重新认识对方,"阿德里安娜说,"60岁的你和20岁的你已经不是同一个人了,你不可能没有丝毫改变。所以当你们互相疏于了解时,就要注意了——这种情况肯定会发生。一起过一辈子,不可能时时对配偶了如指掌。问题是,你们有没有努力重新了解对方?你们对对方还有好奇心吗?你们还是好朋友吗?说真的,爱情的本质其实就是友谊。"

本周你进展神速!

在过去的一周里,通过阅读本书,你每天都培养了一个改善情感关系的新习惯。你将爱情大师们最重要的秘诀付诸实施:

- **你挤出时间与伴侣沟通，询问对方："今天你需要我做什么吗？"**

继续保持：一定要使健康的情感沟通成为日常生活中的常备项目。

- **你向配偶询问开放式的交心问题，这些问题能将你带入新的领域，令你对伴侣产生全新的了解。**

继续保持：记住，我们不仅要创作爱情地图，还要不断更新。伴侣的内心世界永远在变化，这也是为何长期地了解一个亲密的人是如此令人兴奋。

- **你留意到伴侣的贡献，并为日常小事向他道谢。**

继续保持：表达谢意并不是做过之后打个钩就完事的一次性工作。表达谢意与接受感激会给双方都带来情感的上升力，像救生圈一样每天托着你们浮在水面之上。

- **你衷心地赞美了自己的伴侣。**

继续保持：你应该积极主动地欣赏对方。人人都有缺点，伴侣难免会有不尽人意之处。但你可以选择关注伴侣身上那些美好、独特、无可取代的特点，感受与他共度人生是多么幸运。如此你便能抵消负面想法,在婚姻之屋下夯实互相尊重、互相欣赏的稳固地基。

- **你将自己的需求告诉伴侣——而不是闭口不言,任由未被满足的需求和渴望发酵成怨气的来源。**

继续保持:赶在怨气产生之前,将你的需求、渴望与期待说出口。

- **你偷偷制造了更多甜蜜温馨的机会和伴侣进行身体接触。**

继续保持:身体上的接触与亲密对你们的健康、感情和性生活都大有助益。和伴侣牵手,心血来潮地亲吻他,靠近他来一个拥抱。当血压降低、感情升温后,你会感谢自己的!

- **最后,你发起了一次说走就走的约会。**

继续保持:养成约会的习惯——不要停!不过,虽然本周这次说走就走的约会非常精彩,但我们还是建议你最好提前筹划一下,每周选择一天作为约会之夜,做好各项准备(比如找人帮你带小孩),而且要勇敢守护约会的权利!我们一向强烈希望伴侣能经常性地、正确地进行约会。如果你对本周的各种实践活动感觉良好，想进行下一步学习，请试试《爱的八次约会》这本书！

本周之后，我们对你的期望如下：希望你能将这些实践化为日常习惯，拉近与伴侣间的距离；希望你能时常一起开怀大笑；希望你能感受到心灵相通的温暖，听到硬币落进情感银行账户时的"叮当"声。也许在这周的某次交谈或摩擦中，"银行"中的"积蓄"就能派上用场，于是事情就解决得比以往更加顺利。

前文中我们提到过"婚姻末日四骑士"——指责、蔑视、抵触和回避。当我们忘记情感关系中的这些细节是多么重要；当我们任由生活的重担与压力将它们挤到一边；当我们不再将它们当作习惯，那些毁灭性的力量就会长驱直入，破坏我们的情感生活。现在你的任务就是将本周各项实践化为刷牙一般的例行程序——把它们固化成日常生活节奏中自然而然的一部分。这样做就能为你的情感关系套上一层铠甲，令"四骑士"无计可施，使你的爱情刀枪不入。

做出小小的变化并予以保持，你与伴侣的轨迹会完全改变。想象一下：

这两条线的起点相隔很远，从左至右，它们只呈现出一个极其微小的角度，但最终它们将不可避免地交汇在一起！约翰称之为"汇聚性加速轨迹"。翻译一下就是：平时常做的一些小事，日积月累就会产生巨大变化。

因此，为了巩固你的汇聚性加速轨迹，我们建议你从本周开始做两件事：

1. 撰写观察记录

我们知道，这些干预手段曾在真实伴侣身上得到过检验，实验室内外的结果都表明它们的确有利于改善情感关系。但每对伴侣的情况都是不一样的。本周尝试过这些新技巧后，你可能会发现有些方法能正中要害，有些方法则需要你坚持使用，给它们发挥效力的时间。有个法子能帮你加快进程，那就是关注这些小习惯对你和你的情感生活产生的影响，并将其记录下来，进行追踪。

在本书的最后，我们会留给你一些空间来撰写简短甜蜜的爱情日记。从今天开始，希望每天晚上你能坚持记录当天的变化——包括你们两人各自的改变（看待世界的视角、今天的见闻和经历）以及你们作为一对伴侣的改变。每天晚上花一点时间翻到这本书的最后（也可以使用单独的笔记本或日记本），简单写几行今天做出的微小改变，以及你对此的感受。

这只会花上你短短的一两分钟，得到的资料却是无价之宝。也许这些方法不会在第一天就给你带来天翻地覆的变化，但当它们融入你的日常生活，你就会发现其中的不同。坚持将每天的经历记录下来，就能一眼看出哪些方法假以时日能带来巨大影响——你不会错过的。

2. 开个微型"国情咨文"会议

从下个月开始，一周开一次短会，就你们两个，时间定在周末（或任何你们俩都有空的时间）。我们称之为"国情咨文"，因为你们在会上只谈情感关系中的正面进展。这周你们之间发生了什么愉快的事？对他说说吧。另外还要想出三件伴侣本周所做的令你感谢的事，并且告诉他。比如：那天晚上我很累，你主动打扫了厨房，我很感谢——你真的很关心我。

你们每天都有很多机会留意到彼此的错误、懈怠与不完美。但是在每周的"国情咨文"中，你要重述所有成功、顺利、快乐的事。每周给自己一剂积极乐观、彼此欣赏的良药——这是一场爱的庆功会。

我们还向你推荐一个额外资源：我们的免费应用，戈特曼卡牌游戏（Card Decks），其中补充了大量提问范例与提示，可以帮助你继续巩固本周介绍过的各种练习。这个应用的基础是我们在"爱情的艺术与科学"周末讲习班上给伴侣们使用的实体卡牌，我们希望将它分享给所有人。应用中有多种提问范例供你选择，包括约会提问、开放式提问、表达需求等等。这是一个无任何限制的免费工具，能以简单易行的方式帮你活跃聊天气氛、绘制爱情地图，还是字面意义上的"口袋工具"！

最后，我们送给你这样一句话：爱情值得。值得你在最忙乱的日子抽出时间回应伴侣，而不是埋首于大堆事务中一味苦干；值得你坐在乱糟糟的房屋中间和伴侣聊天；值得你不惜放弃截稿日期去约会。它值得。

良好的情感关系能令你得到全方位的提升。它能让你心情愉快；它能给你坚定的支持，让你振奋地面对每一天，放手追求目标和梦想；它能降低你体内的应激激素；它能增强你的免疫系统；它甚至能抵消所有削短寿命的因素，削弱孤独、抑郁、疾病的影响。还有许多潜在优点是我们没有想到甚至闻所未闻的，但科学研究清清楚楚地证明：良好的情感关系能延长人的寿命，并让人生变得更加美好快乐。

没错，我们每天忙忙碌碌，时间仿佛永远都不够用，但爱是至关重要的——它让一切更有可能。而且经过本周的学习，想必你也已经发现，情感关系并不需要额外投入大段时间，你只需每天匀出片刻，日积月累即可。这笔小小的投资会随着时间流逝给你多出数倍的回报：利上加利。

还记得歌手妮娜·西蒙的那句歌词吗？"我想在杯里加一点点糖。"我们喜欢这样想：情感关系就像一杯茶，你可以选择各种口味。你可以选择在杯里加一点点糖，而不是盐。当你受伤、发炎或疲惫时，盐会伤害你，粗糙的盐粒会擦疼你的皮肤，还会刺痛你的伤口；糖能抚慰你，能将刺痛与苦涩消弭于无形。在生活中增加一些小习惯，其实就是将一点点糖加入你们的情感关系，让它变得越发甜蜜。

The Small Things Journal

记录你们的温馨小事

　　从今天开始，希望你能每天晚上坚持记录当天的变化——包括你们两人各自的改变以及作为一对伴侣的改变。每晚挤出几分钟，写一写你和伴侣做出的微小的正面改变、这些改变带给你的感受，以及这些改变是否对你们的情感关系产生了影响。只需花上你短短的一两分钟，得到的资料是无价的。也许这些方法不会在第一天就给你们带来天翻地覆的变化，但当它们融入你的日常生活，你就会发现随之而来的改变。书中的空白页写完后，找一本单独的笔记本或日记本继续写。坚持将自己的经历记录下来，你就能一眼看出哪些方法假以时日能产生巨大影响。

Acknowledgements

致谢

感谢道格·艾布拉姆斯，概念架构师公司富有远见的创始人，以及他了不起的妻子蕾切尔·卡尔顿·艾布拉姆斯，艾布拉姆斯夫妻俩致力于在世界上多行善事。和两位的友谊令我们深感荣幸，你们改变了包括我们在内数百万人的人生。感谢阿丽莎·尼克博克对文字的润色，感谢蕾切尔·纽曼、拉娜·诺夫的编辑与组织工作，感谢整个概念架构师团队的辛勤劳动，正因为你们的付出，本书才得以完成。

感谢爱德华·萨金特，你以深刻的远见和出色的才能接手了戈特曼研究所的领导工作。感谢你，P队长，我们深深信任的挚友。感谢我们公司的科研主管卡丽·科尔和临床主管唐纳德·科尔，你们不仅是出色的心理学家，也是我们在西雅图的亲密室友与朋友。感谢你们在撰写本书的过程中给予我们的大力支持。深深地感谢整个公司团队，没有你们，我们还窝在办公室当穴居人呢。

我们想将荣耀与深深的感激献给拉菲尔·李斯蒂沙，我们亲爱的朋友、合伙人以及情感软件公司（ASI）的领导。情感软件公司是我们的姐妹公司，它为我们所有的情感研究工作创建了网络平台，给了我们一个新的家园。也深深感激弗拉迪米尔·布雷曼，情感软件公司的技术主管，你旺盛的精力、奉献精神和令人惊叹的智慧真是无价之宝。感谢整个情感软件公司团队，尤其是因娜·弗雷曼、康纳·伊顿和史蒂芬·凡，我们使用的各种网络工具都出自你们之手。

还要感谢在本书写作全程中给予我们支持的各位好友：艾丽森·肖和迪克·雅格，菲尔和卡拉·科恩，梅维斯·济以及拉娜·李斯蒂沙。以及，约翰 50 年的挚友、密切合作者罗伯特·利文森，为本书的撰写做了不可磨灭的贡献。感谢你们大家。

最后，我们将最深切的爱与感激献给莫里亚、史蒂芬和埃泽拉·凡-戈特曼，你们每天都令我们领略到爱与家庭的美好。

注释

引言：积跬步以至千里

1.Kim T. Buehlman, John M. Gottman, Lynn F. Katz, "How a Couple Views Their Past Predicts Their Future: Predicting Divorce from an Oral History Interview," *Journal of Family Psychology* 5, nos. 3–4 (1992): 295–318.

使用指南

1. John Gottman, *What Predicts Divorce? The Relationship Between Marital Processes and Marital Outcomes* (Hillsdale, NJ: Lawrence Erlbaum Associates, 1994).

2. John Gottman, *The Relationship Cure* (New York: Three Rivers Press, 2001).

3. Belinda Campos et al., "Positive and Negative Emotion in the Daily Life of Dual-Earner Couples with Children," *Journal of Family Psychology* 27, no. 1 (2013): 76–85, accessed November 29, 2021, https://doi.org /10.1037/a0031413.

第 1 天：头号万能药

1. John Gottman, *What Predicts Divorce? The Relationship Between Marital Processes and Marital Outcomes* (Hillsdale, NJ: Lawrence Erlbaum Associates, 1994).

2. Julia C. Babcock et al., "A Component Analysis of a Brief Psychoeducational Couples' Workshop: One-Year Follow-up Results," *Journal of Family Therapy* 35, no. 3 (2013): 252–80, accessed November 29, 2021, https://doi.org/10.1111/1467-6427.12017.

第 2 天：很高兴重新认识你

1. Unpublished finding from a survey of a workshop done with more than five hundred couples through the Gottman Institute.

第 3 天：谢谢你为我煮咖啡

1. Elizabeth A. Robinson and Gail M. Price, "Pleasurable Behavior in Marital Interaction: An Observational Study," *Journal of Consulting and Clinical Psychology* 48, no. 1 (1980): 117–18, accessed December 2, 2021, https://doi.org/10.1037/0022-006X.48.1.117.

2. Robert Weiss, "Strategic Behavioral Relationship Therapy: A Model for Assessment and Intervention," in *Advances in Family Intervention, Assessment, and Theory*, vol. 1, ed. J. P. Vincent (Greenwich, CT: JAI Process, 1980): 229–71.

3. Richard Davidson and Sharon Begley, *The Emotional Life of Your Brain* (New York: Hudson Street Press, 2012).

4. Richard J. Davidson and Antoine Lutz, "Buddha's Brain: Neuroplasticity and Meditation," *IEEE Signal Process Mag* 25, no. 1 (2008): 174–76,

accessed December 2, 2021, doi:10.1109/msp.2008.4431873.

5. Renay P. Cleary Bradley, Daniel J. Friend, and John M. Gottman, "Supporting Healthy Relationships in Low-Income, Violent Couples: Reducing Conflict and Strengthening Relationship Skills and Satisfaction," *Journal of Couple & Relationship Therapy* 10, no. 2 (2011): 97–116, accessed December 2, 2021, http:// dx.doi.org/10.1080/15332691.2011.562 808.

6. "Mental Health Disorder Statistics," Johns Hopkins Medicine, accessed February 4, 2022, www.hopkinsmedicine.org/health/wellness-and-prevention/mental-health-disorder-statistics.

7. Jillian McKoy, "Depression Rates in US Tripled When the Pandemic First Hit—Now, They're Even Worse," *The Brink*, Boston University, October 7, 2021, https:// www.bu.edu/articles/2021/depression-rates-tripled-when-pandemic-first-hit.

第 4 天：回想你们为何相爱

1. John Gottman, *What Predicts Divorce? The Relationship Between Marital Processes and Marital Outcomes* (Hillsdale, NJ: Lawrence Erlbaum Associates, 1994).

2. John M. Gottman and Julie Schwartz Gottman, *The Science of Couples and Family Therapy: Behind the Scenes at the Love Lab* (New York: W. W. Norton, 2018).

3. Gottman and Gottman, *The Science of Couples*.

4. John M. Gottman and Clifford I. Notarius, "Marital Research in the 20th Century and a Research Agenda for the 21st Century," *Family Process* 41, no. 2 (2002): 159–97, accessed December 2, 2021, https://doi .org/10.1111/

j.1545-5300.2002.41203.x.

5. John M. Gottman et al., "Predicting Marital Happiness and Stability from Newlywed Interactions," *Journal of Marriage and Family* 60, no. 1 (1998): 5 – 22, accessed December 2, 2021, https://www.jstor.org /stable/353438.

6. Gottman et al., "Predicting Marital Happiness."

7. John M. Gottman and Robert W. Levenson, "Marital Interaction: Physiological Linkage and Affective Exchange," *Journal of Personality and Social Psychology* 45, no. 3 (1983): 587 – 97.

8. John M. Gottman and Robert W. Levenson, "Physiological and Affective Predictors of Change in Relationship Satisfaction," *Journal of Personality and Social Psychology* 49, no. 1 (1985): 85 – 94.

第 5 天：说出你想要的，让事情简单一些！

1. Sybil Carrère and John M. Gottman, "Predicting Divorce among Newlyweds from the First Three Minutes of a Marital Conflict Discussion," *Family Process* 38, no. 3 (1999): 293 – 301, accessed December 2, 2021, https:// doi.org/10.1111/j.1545-5300.1999.00293.x.

2. John M. Gottman, *What Predicts Divorce? The Relationship Between Marital Processes and Marital Outcomes* (Hillsdale, NJ: Lawrence Erlbaum Associates, 1994).

第 6 天：是"爱人"不是"室友"

1. Chrisanna Northrup, Pepper Schwartz, and James Witte, *The Normal Bar: The Surprising Secrets of Happy Couples and What They Reveal About Creating a New Normal in Your Relationship* (New York: Harmony Books, 2013).

2. Paul Zak, *The Moral Molecule: The Source of Love and Prosperity* (New

York: Dutton, 2021).

3. Ashley Montagu, *Touching: The Human Significance of Skin* (New York: Harper & Row, 1986), 87.

4. Maham Hasan, "What All That Touch Deprivation Is Doing to Us," New York Times, October 6, 2020, https:// www.nytimes.com/2020/10/06/style/touch-deprivation-coronavirus.html.

5. Tiffany Field, *Touch* (Cambridge, MA: MIT Press, 2001).

6. Sheldon Cohen et al., "Does Hugging Provide Stress-Buffering Social Support? A Study of Susceptibility to Upper Respiratory Infection and Illness," *Psychological Science* 26, no. 2 (2015): 135 – 47, accessed December 2, 2021, https:// doi.org/10.1177/0956797614559284.

7. Tiffany Field, "Touch Therapy Effects on Development," *International Journal of Behavioral Development* 22, no. 4 (1998): 779 – 97; Tiffany Field, Miguel Diego, and Mari Hernandez-Reif, "Preterm Infant Massage Therapy Research: A Review," *Infant Behavior and Development* 33, no. 2 (2011): 115 – 24, accessed December 2, 2021, https://doi.org /10.1016/j.infbeh.2009.12.004.

8. Alyson F. Shapiro et al., "Bringing Baby Home Together: Examining the Impact of a Couple-Focused Intervention on the Dynamics within Family Play," *American Journal of Orthopsychiatry* 8, no. 3 (2011): 337 – 50.

9. Sidney M. Jourard, "An Exploratory Study of Body-Accessibility," *British Journal of Social and Clinical Psychology* 5, no. 3 (1966): 221 – 31, accessed December 2, 2021, https:// doi.org/10.1111/j.2044-8260.1966.tb00978.x.

10. Terri D. Fisher, Zachary T. Moore, and Mary-Jo Pittenger, "Sex on the Brain?: An Examination of Frequency of Sexual Cognitions as a Function of Gender,

Erotophilia, and Social Desirability," *Journal of Sex Research* 49, no. 1 (2012): 69–77, accessed February 7, 2022, doi:10.1080 /00224499.2011.565429.

11. Caleb E. Finch, "Evolution of the Human Lifespan and Diseases of Aging: Roles of Infection, Inflammation, and Nutrition," *PNAS* 107, no. 1 (2010): 1718–24, accessed December 2, 2021, https://doi.org/10.1073/pnas.0909606106.

12. James A. Coan, Hillary S. Schaefer, and Richard J. Davison, "Lending a Hand: Social Regulation of the Neural Response to Threat," *Psychological Science* 17, no. 12 (2006): 1032–39, accessed December 2, 2021, https://doi.org/10.1111/j.1467–9280.2006.01832.x.

13. James A. Coan et al., "Relationship Status and Perceived Support in the Social Regulation of Neural Responses to Threat," *Social Cognitive and Affective Neuroscience* 12, no. 10 (2017): 1574–83, accessed December 2, 2021, https://doi.org/10.1093/scan/nsx091.

14. Paul J. Zak, Angela A. Stanton, and Sheila Ahmadi, "Oxytocin Increases Generosity in Humans," *PLoS ONE* 2, no. 11 (2007): e1128, https://doi.org/10.1371/journal.pone.0001128.

15. Paul J. Zak, "The Neurobiology of Trust," *Scientific American* 298, no. 6 (2008): 88–95, accessed December 2, 2021, http://www.jstor.org/stable/26000645.

16. Zak, *The Moral Molecule*.

17. Sheril Kirshenbaum, *The Science of Kissing: What Our Lips Are Telling Us* (New York: Grand Central Publishing, 2011).

18. Samantha A. Wagner et al., "Touch Me Just Enough: The Intersection of Adult Attachment, Intimate Touch, and Marital Satisfaction," *Journal of Social and Personal Relationships* 37, no. 6 (2020): 1945–67, accessed

December 2, 2021, https:// doi.org/10.1177/0265407520910791.

19. John M. Gottman, *What Predicts Divorce? The Relationship Between Marital Processes and Marital Outcomes* (Hillsdale, NJ: Lawrence Erlbaum Associates, 1994).

第7天：不顾一切地约会吧！

1. The Sloan study was the first of its kind. Belinda Campos et al., "Positive and Negative Emotion in the Daily Life of Dual-Earner Couples with Children," *Journal of Family Psychology* 27, no. 1 (2013): 76–85, accessed November 29, 2021, https://doi.org/10.1037/a0031413; Lynn Smith, "Two Incomes, with Kids and a Scientist's Camera," *CELF in the News*, UCLA Center on Everyday Lives of Families, July 29, 2001, http://www.celf.ucla.edu/pages/news1.html; Benedict Cary, "Families' Every Fuss, Archived and Analyzed," *New York Times*, May 22, 2010, https://www.nytimes.com/2010/05/23/science/23family.html.

2. John M. Gottman et al., "Gay, Lesbian, and Heterosexual Couples About to Begin Couples Therapy: An Online Relationship Assessment of 40,681 Couples," *Journal of Marital and Family Therapy* 46, no. 2 (2020): 218–39, https:// doi.org/10.1111/jmft.12395.

3. Michele Weiner-Davis, *The Sex-Starved Marriage* (New York: Simon & Schuster, 2003).